MANUEL

DU TAILLEUR.

IMPRIMERIE DE POUSSIN,

RUE ET HÔTEL MIGNON, Nº 2, F. S.-G.

MANUEL

THÉORIQUE ET PRATIQUE

DU TAILLEUR,

OU

TRAITÉ COMPLET ET SIMPLIFIÉ

DE CET ART;

CONTENANT LA MANIÈRE DE TRACER, COUPER ET
CONFECTIONNER LES VÊTEMENS ;

Précédé d'une Notice sur les outils du tailleur, sur les
étoffes à employer pour les vêtemens d'hommes, etc. ;
ainsi que les uniformes de tous les corps de l'armée ;

PAR M. VANDAEL,

TAILLEUR AU PALAIS-ROYAL.

PARIS,

A LA LIBRAIRIE ENCYCLOPÉDIQUE DE RORET,

RUE HAUTEFEUILLE, AU COIN DE LA RUE DU BATTOIR.

1835.

INTRODUCTION.

Les premiers hommes, pour se mettre à l'abri des injures du temps, se couvrirent sans doute d'abord avec les objets que leur offrait la nature, des feuilles d'arbres, des écorces flexibles, des herbes sèches ou des joncs grossièrement entrelacés, des peaux, telles qu'on les enlevait de dessus les corps des animaux; mais il fut nécessaire de combiner ensemble ces divers objets, de les ajuster de manière à couvrir plus ou moins parfaitement toutes les parties du corps et à leur donner une forme à la fois commode et solide. On se servit, pour assembler les différentes pièces des vêtemens, de plusieurs produits de végétaux, de filamens nerveux et de parties d'intestins de divers animaux, coupés très minces, séchés à l'air et introduits à l'aide d'os pointus, d'arêtes de poissons ou de petites branches d'épine, qui remplaçaient alors les alênes, les aiguilles et les épingles.

Après la découverte de l'art de préparer les laines et de fabriquer le drap, on perfectionna graduellement celui de tailler et d'ajuster les vêtemens.

La forme et la composition des costumes civils et militaires ont suivi les grands changemens politiques et la marche de la civilisation des peuples; ils se sont simplifiés avec les lois et les usages; et plus l'inégalité parmi les hommes a diminué, plus leurs habillemens sont devenus semblables.

Autrefois, certaines étoffes ou certaines formes de vêtemens étaient réservées pour les classes privilégiées; aujourd'hui aucune différence extérieure

de la mise ne distingue un pair de France
d'un artisan aisé.

Le luxe et la forme prétentieuse des
habits ont été remplacés par la simpli-
cité et la commodité; et les costumes
qui ont paru pendant la révolution française, et qui ont été adoptés par presque
toutes les nations de l'Europe, ne subi-
ront sans doute, pendant un grand espace de temps, que les légers changèmens
enfantés par la mode et la frivolité des
goûts.

Sous le règne de Clovis et pendant les
sept siècles qui l'ont suivi, il n'y a pas
eu de variations notables dans la forme
des vêtemens; les costumes de villes
consistaient en une tunique longue fixée
par une ceinture que l'on rendait plus
ou moins riche, en raison de sa fortune;
cette tunique était recouverte par un
long et large manteau, un peu ouvert
sur le devant, que l'on assujettissait par
une courroie et des boutons.

Les habits de guerre étaient courts et serrés, et recouverts d'une espèce de draperie qui s'attachait sur l'épaule droite, à peu près comme les *chlamides* des Grecs.

La cotte d'arme, qui couvrait l'armure des chevaliers et qui, dans le principe, se terminait à la naissance du genou, fut successivement allongée, pendant le treizième siècle, et descendit enfin jusqu'au talon ; cette sorte de vêtement était presque le seul qui apparût, puisqu'il recouvrait les autres, aussi était-il celui pour lequel on employait le plus de magnificence. Il était assez communément en drap d'or et d'argent, garni de riches pannes ou de fourrures d'hermine, de martre-zibelines, de gris, de vert, etc. Ce luxe fut porté si haut que Philippe-Auguste crut devoir le réprimer par ses ordonnances de 1190. Les hommes laissaient croître leurs barbes et flotter leurs cheveux.

Au retour des croisades, les costumes subirent de grands changemens; sous Philippe-le-Bel, on portait une longue robe traînante jusqu'à terre, avec une ceinture et un capuchon semblable à ceux des moines; aussi le vêtement des laïcs ne différait-il de ceux des religieux que par la couleur. Les habitans de la campagne et les classes ouvrières portaient cependant encore des habits courts.

La barbe était rasée, mais les cheveux étaient encore longs et flottaient sur les épaules.

Philippe établit des lois somptuaires, qui augmentaient le luxe en raison des richesses des individus. Chacun inventa des modes nouvelles pour se faire remarquer; les innovations les plus bizarres parurent alors, la recherche dans les vêtemens devint la passion favorite des Français; et l'on vit naître, parmi les classes privilégiées, une foule d'extravagances, comme, par exemple, la chaussure à la *pouline,* ou souliers qui se terminaient en pointe plus ou moins longue, selon la qualité des personnes. « Elles étaient de deux pieds de long pour les princes et les grands seigneurs, d'un pied pour les riches et d'un demi-pied pour les gens du commun. » Il paraît que c'est de là qu'est venu le proverbe : *Se mettre sur un bon pied ; sur quel pied est-il?*

Charles V abolit cette mode et condamna à un amende de dix florins ceux qui s'obstineraient à la suivre.

Les vêtemens longs et amples, devinrent étroits, serrés et si courts qu'ils permettaient à peine de cacher quelques parties du corps.

Les étoffes les plus riches, les fourrures les plus rares furent encore employées avec profusion, par les chevaliers et les gens de haut parage. On vit reparaître les longues barbes, des plumets énormes chargèrent les têtes, et des chaînes d'or servirent d'ornement au cou.

Sous le règne de Charles VII, on était vêtu d'une espèce de justaucorps plissé, serré sur la taille et attaché avec des aiguillettes, et des haut-de-chausses si serrés, qu'ils laissaient apercevoir le nu de telle sorte, que toutes les formes se dessinaient de la manière la plus indécente. On s'élargissait les épaules avec des *mahaîtres*, ou épaules artificielles, desquelles pendaient de grandes manches déchiquetées ; les gens du peuple n'avaient pas de manche pendante, mais seulement des sortes de nids d'hirondelle, desquels sortaient une manche serrée et d'une couleur qui tranchait sur celle du justaucorps.

Les bourgeois se revêtaient communément d'une sorte de redingote, ouverte sur le devant et boutonnée sur la poitrine, depuis le cou jusqu'à la ceinture, le collet était droit, et ils jetaient une sorte de plaid sur l'épaule gauche ; les souliers étaient armés de longues pointes de fer.

Les élégans laissaient tomber par masses leur cheveux sur le front, de manière qu'ils s'en cachaient une partie des sourcils.

La tête était couverte par un chapeau rond.

L'infanterie de Charles VII se composait principalement des *francs archers*, ou hommes d'armes, entretenus par les communes; ils avaient la tête couverte de *salade*, espèce de casque léger sans crête, avec ou sans visière, et étaient revêtus de *jaque*, sorte de justaucorps qui descendait jusqu'aux genoux et était rembourré de coton ou de bourre. Ils portaient une *brigandine* ou corselet de lames de fer attachées les unes aux autres, sur leur longeur, par des clous rivés; ils étaient armés d'une *trousse* ou carquois contenant 18 flèches, d'un arc, d'une épée ou dague.

Sous Louis XII, en 1512, on portait une soubreveste amplé et plissée qui descendait jusqu'à la naissance des cuisses, et dont les manches serrées arrivaient jusqu'au poignet. Elle était fixée à la hauteur des hanches, par une ceinture plus ou moins riche, à laquelle était suspendue l'épée de ceux qui avaient le droit de porter des armes. Les jambes étaient enfermées dans un pantalon collant, de soie, le plus souvent cramoisi ou couleur de feu. Ce costume était recouvert par une grande robe, nommée *ho*, qui descendait le plus communément jusqu'à la naissance du pied, mais qui, quelquefois aussi, ne venait qu'au genou; elle n'avait pas de manches, mais, à leur place, une grande ouverture de chaque côté pour le passage des bras; cette houppelande pouvait s'ouvrir et se fermer par devant; elle supportait un grand collet rond ou chaperon qui couvrait totalement les épaules. Les personnages importans la portaient en fourrures.

La chaussure était des espèces de pantoufles ou sandales assez semblables à nos souliers.

Le chapeau était orné de plumes.

Les bourgeois avaient à leur soubreveste de grandes manches ouvertes entièrement sur le devant dans toute leur longueur et pendantes jusqu'aux genoux; de là sortaient leurs bras, revêtus d'une manche serrée, de couleur tranchante.

Un accident arrivé à François Ier fut cause de la reprise de la barbe, qui avait disparu dans les règnes précédens, et les cheveux furent coupés courts.

A cette époque, le costume français devint très gracieux et de bien bon goût. Une soubreveste peu plissée, ouverte par le devant et serrée à la taille, avec un collet à schall, large, festonné, doublé d'une couleur tranchante et laissant à découvert toute la poitrine, qui était garantie avec une pièce ornée de bordures et de crevures.

Les manches très larges et ornées de

crevées près des épaules et sur les bras, étaient unies et serrées sur l'avant-bras; le pantalon était encore collant sur les jambes, mais s'élargissait sur la cuisse.

Vers 1555, la soubreveste disparue, l'habit civil se composa d'un justaucorps très serré, sans plis, ayant de petites basques se terminant en pointe sur le bas-ventre; les manches ouvertes jusque sous le bras étaient d'une largeur excessive, et recouvraient une autre manche juste.

Les haut-de-chausses, serrés sur le milieu de la cuisse, étaient boursoufflées, plissés, à crevées et formaient un volume très considérable, gênant et ridicule; les jambes étaient enveloppées dans des bas très longs et très collans.

Dans la suite, les manches furent simplifiées, et ne portaient qu'un nid d'hirondelle sur l'épaule, les haut-de-chausses moins larges; mais ce costume se maintint à peu près le même jusque sous le règne de Henri IV.

Les gens du peuple portaient alors des culottes courtes presque semblables à celles de nos jours; souvent leurs justaucorps avaient de petite basques plissées.

Sous Louis XIII, le costume de ville devint tout-à-fait bizarre; une espèce de veste ronde, très exiguë, dont le bas des devans était taillé en pointe, ne descendait qué vers le milieu du dos, entre elle et les hanches, ou la ceinture du haut-de-chausses; la chemise était découverte, ce qui donnait à ce vêtement un air de désordre et de débraillement; les manches, ouvertes sur le devant, laissaient voir celles de la chemise.

Le haut-de-chausses était large, droit, et peut être comparé à un pantalon ne descendant que sur le gros de la jambe, ou un peu plus bas que le genou; il était orné sur les côtés de rubans, d'aiguillettes et de *canons*, bande d'étoffe fort large et souvent garnie de dentelles.

A cette époque, et depuis, on a peu à peu coupé la barbe et laissé croître les cheveux; on n'avait que la moustache et un bouquet de poil sur le menton.

Pendant le règne brillant et magnifique de Louis XIV, les costumes de cour acquirent un haut degré de luxe et de mauvais goût; les hommes se couvrirent de rubans, d'aiguillettes et de dentelles. Ils en garnirent leurs pourpoints, leurs hauts-de-chausses et jusqu'à leurs bottes.

Le peuple, plus modeste, conservait religieusement les costumes qui marquaient les différentes classes de la société; les bourgeois avaient un justaucorps noir avec un manteau de même couleur, une grande collette couvrait leur tête, et ne les empêchait pas de porter un chapeau.

Les marchands se distinguaient par une petite robe noire qui descendait à peine au genou.

Les avocats, procureurs et médecins se montraient toujours en robe.

La mode voulut que l'on se couvrît la tête du plus de cheveux possible, tant enfin que la nature ne pouvant pas les fournir assez longs, on trouva beau de se faire raser la tête pour porter des perruques monstrueuses, faites avec des cheveux de femmes.

C'est vers cette époque que parurent les vêtemens qui se rapprochent le plus de ceux que nous portons aujourd'hui.

D'abord la soubreveste, assez semblable, mais plus gracieuse que notre redingote droite, puis une sorte de redingote, ou d'habit à basques larges et longues, à manches avec parement en bottes, très grand.

Ce vêtement portait des poches à pates sur le devant, et un peu au-dessus des genoux; c'est lui qui, subissant quelques modifications, sous le règne suivant, devint l'habit dit à la *française* ou *habit-habillé*.

Il recouvrait un gilet ou veste, dont les devans descendaient jusque sur les genoux, les hauts-de-chausses devinrent plus étroits et s'attachèrent sur une jarretière au-dessous des genoux.

Sous Louis XV et Louis XVI, les habits furent moins amples, les vestes moins longues; le frac, qui d'abord n'était guère qu'un habit de chasse bordé de galons, devint plus commun, la culotte plus serrée, et tout l'ajustement fut plus commode et de meilleur goût. Les grosses perruques diminuèrent graduellement, et firent enfin place a des frisures poudrées.

A l'époque de la révolution, lorsque les priviléges furent abolis, que l'égalité parmi les hommes fut reconnue comme principe, et surtout après que le luxe de la cour et l'étalage indécent des grands seigneurs furent abattus, les costumes d'apparat firent place à des vêtemens plus simples et plus uniformes, le frac devint l'habit de cérémonie, la redingote fut généralement adoptée, la culotte courte disparut peu à peu et fut remplacée par le pantalon.

Les frisures, les queues et la poudre furent aussi remplacées par les coiffures plus naturelles dites à la *Titus*.

Les vêtemens adoptés généralement pendant la révolution subirent depuis quarante ans de grandes modifications de coupe et de façon, mais qui ne les dénaturèrent pas, et qui ne furent que les caprices des goûts et des modes.

Sous l'empire et la restauration, l'aristocratie eut des velléités de reprendre ses anciennes distinctions, et l'on vit reparaître l'habit de cour, mais les glorieux événemens de juillet 1830, l'ont sans doute détruit à jamais.

Autrefois les maîtres tailleurs étaient loin d'être ce qu'ils sont aujourd'hui ;

ayant à diriger un petit nombre d'ouvriers, ils travaillaient par leurs mains,
ils n'étaient pas chargés de la fourniture
des étoffes, et les façons seules étaient
de leur ressort.

« Les maîtres marchands tailleurs
d'habits, et les maîtres marchands pourpointiers, faisaient à Paris deux communautés différentes, qui avaient chacune leurs statuts et ordonnances.

« L'union des deux communautés ayant
été faite en 1655, sous le nom de *maîtres marchands tailleurs d'habits et
pourpointiers*, il fut dressé de nouveaux statuts, qui, ayant été approuvés
par le lieutenant civil au Châtelet,
le 22 mai 1660, furent confirmés par
les lettres-patentes du roi Louis XIV,
et ils furent enregistrés au parlement de
Paris le même jour.

« Il y avait deux jurés, maîtres et
gardes de la communauté qui s'élisaient
tous les ans, la veille de la fête de la

Sainte-Trinité, en présence du procureur du roi.

« Chaque maitre ne pouvait avoir qu'un seul apprenti à la fois, obligé pour trois ans, et il fallait trois ans de compagnonnage pour aspirer à la maîtrise et faire chef-d'œuvre.

« En 1775, il y avait dans cette communauté quinze cents maîtres. »

Après l'abolition des jurandes et des maîtrises, l'industrie reçut un grand développement; le sort des classes ouvrières s'améliora beaucoup; elles furent mieux logées, mieux nourries et mieux vêtues; l'état de tailleur acquit un grand développement; ses travaux se multiplièrent et se perfectionnèrent beaucoup, et aujourd'hui la plupart des tailleurs ne sont plus des ouvriers, mais des marchands de draps, *entrepreneurs de vêtemens.*

MANUEL

DU

TAILLEUR.

ATELIER DU TAILLEUR.

L'atelier destiné à réunir les ouvriers tailleurs, doit être vaste et bien éclairé par des croisées à appuis fort bas : on doit y trouver un *établi*, ou plancher élevé de cinquante ou soixante centimètres, en planches de sapin, jointes, supportées par des chevalets ou traiteaux, et destinés à recevoir les travailleurs.

Une table en chêne bien dressée, de deux mètres cinquante centimètres, ou trois mètres de longueur, et d'une largeur d'un mètre trente centimètres, à un mètre cinquante centimètres, destinée à déployer les étoffes et couper les vêtemens; cependant, chez la plupart des tailleurs, la table à couper n'est pas dans la même pièce que les ouvriers.

Les murs doivent être garnis de tablettes et de portes-manteaux pour recevoir les différentes pièces de l'ouvrage.

On doit suspendre au plafond des lampes astrales, disposées de manière qu'à la veillée, les ouvriers puissent se grouper commodément au-dessous, et être éclairés le plus perpendiculairement et le plus près possible.

La bonne disposition de l'atelier a de l'influence sur l'ordre qui doit y régner, sur la propreté de l'ouvrage et sur le bon emploi du temps.

Les tailleurs donnent une assez grande partie de leurs travaux à exécuter en ville, surtout les pantalons et les gilets, qui sont souvent confectionnés par des femmes : nous croyons qu'il est convenable de multiplier le moins possible ces sorties qui occasionent des pertes de temps, des embarras, et rendent plus compliquée l'inspection du travail; en général, dans tous les états, une surveillance active et immédiate a toujours des résultats avantageux.

OUTILS.

Les outils du tailleur sont simples et en assez petit nombre; ils ont reçu dans ces derniers temps, et depuis que la confection des vêtemens a été de plus en plus perfectionnée, des améliorations assez sensibles, et il est bon de les choisir convenablement, fabriqués avec soin et sur les derniers modèles adoptés. S'il est vrai qu'*un mauvais ouvrier n'a jamais de bons outils,* il ne l'est pas moins qu'un excellent ouvrier ne peut atteindre la perfection voulue aujourd'hui s'il est privé des instrumens qui seuls peuvent la faire obtenir.

Nous allons décrire les divers outils, et nous les figurerons exactement sur notre planche première.

Aiguilles. Petits instrumens d'acier, polis et déliés, pointus d'un côté et percés de l'autre; ils servent à coudre.

Les aiguilles du tailleur sont nommées *renforcées;* on se sert de *demi-longues* pour rentrer, faire les boutonnières, et rabattre.

Celles qui servent à attacher les boutons doivent toujours être renforcées. (*Voyez* le mot Aiguilles dans le vocabulaire qui termine cet ouvrage.)

Dé. Petit instrument qui se met au bout du doigt (le majeur), pour pousser l'aiguille quand on coud. Le dé du tailleur est en acier, ouvert par le haut et formé comme on peut le voir sur la planche première.

Carreau. Espèce de fer à repasser de o, 22 c. longueur o, o9 c. de large, et o, o8 d'épaisseur (*voyez* pl. 1re). Il sert à presser les coutures, les tailles, garnitures et passemens, à unir toutes les parties d'une pièce, à *dépresser* un ouvrage terminé.

Fer à repasser. Il sert au même usage que le carreau, mais pour des pièces plus petites. (*Pl.* Ire.)

Passe-carreau. Est an morceau ou barre de bois dur, de o, 5o c. de longueur, o, o4 c. de largeur et o, o5 à o, o6 de hauteur; on le place sous les parties de la pièce que l'on presse au carreau. (*Voyez* pl. 1re.)

Billot. C'est un petit passe-carreau, qui sert aux mêmes usages.

Le six francs ou *Passe-carreau anglais.* Cet outil, qui tire son nom du prix qu'il coûtait dans son origine, est une

planche de o , 74 c. à o , 80 c. de longueur, de o , 25 c. de large à un bout et
de o , 15 c. à l'autre, arrondis aux
deux extrémités et sur ses arêtes. Il
sert comme le carreau à presser les coutures. On place cette planche sous la
pièce; on la fait passer successivement
sous toutes les parties cousues, puis,
pressant avec le carreau, on parvient
à ouvrir les coutures et à les aplatir.
(*Voyez* pl. 1re.)

Craquette. Outil de fer de la forme
d'une hache, portant un côté en biseau
formant tranchant, et ayant, du côté du
dos, un manche de fer recourbé (*voyez*
pl. 1re). Il sert à marquer les piqûres
que l'on fait sur les bords des pièces ,
dans le pied du collet, dans les estomacs, etc. Il y en a de plusieurs sortes,
unis à dents et à roullettes; on se sert
plus ordinairement des deux premiers.

Poinçon. Outil de fer emmanché ,

servant à faire des œillets. (*Voyez* planche 1re.)

Emporte-pièce. Outil en fer de la forme d'un gros clou, percé à jour par un bout (*voyez* pl. 1re), et servant à faire des trous ronds ou œillets, principalement pour les boutonnières dites à œillets.

Pelote à dévider. Corps quelconque sur lequel on roule ou pelote le fil ou la soie, destinés à coudre les vêtemens.

Éponge. Elle sert à imbiber la pate mouillée, morceau de soie ou linge fin, sur lequel on presse ou repasse l'ouvrage.

La pate mouillée. Soie imbibée, qui sert à frotter les parties qui ont été lustrées par le carreau, et à faire disparaître le brillant.

Tapis-ras. Morceaux de drap de soie ; on l'employait autrefois pour unir les pièces qui étaient chargées de broderies ou de galons : on le remplace maintenant par un morceau de drap ordinaire.

Fourneau. Le fourneau destiné à faire chauffer les carreaux et les fers est en tôle, de forme quadrilatère allongé; au-dessus du charbon se trouve une grille sur laquelle reposent les carreaux qui ne sont pas ainsi en contact direct avec le feu. (*Voyez* son modèle sur la planche première.)

Lampe astrale. Pour les veillées, il est important d'éclairer les ouvriers de manière à ce que la lumière ne porte pas d'ombre nuisible; c'est pour cela qu'une lampe astrale, suspendue au plafond et au-dessus de l'établi, est le mode d'éclairage que l'on doit préférer.

Etabli. Planche sur laquelle travaillent les ouvriers tailleurs; nous l'avons décrit suffisamment ci-dessus à l'article Atelier des tailleurs. L'établi, dit à l'anglaise, n'est élevé qu'à 16 centimètres au-dessus du sol.

Ciseaux. De grands ciseaux de 3o à 35 centimètres de longueur, ayant des anneaux obliques, de forme particulière et se réunissant par un gougeon, servent à couper les vêtemens.

Des *ciseaux moyens* sont employés pour les petites pièces, et des *ciseaux à onglettes* servent à ouvrir les boutonnières et à d'autres détails. Nous en avons tracé les modèles sur la planche première.

Ciseau. Instrument de fer long, plat et tranchant par un bout; il sert à couper les boutonnières d'un seul coup de maillet ou même par la seule pression de la main : cet outil n'est pas employé par tous les tailleurs.

Craie. Roche calcaire, friable et farineuse, peu compacte, sans odeur, blanche; c'est la formation qui supporte le terrain tertiaire. Elle forme le sol de la plus grande partie de l'ancienne province de Champagne; on l'exploite aussi sur plusieurs points des environs de Paris, et principalement à Bougival et Meudon. La craie la plus fine se vend au poids, sous forme de petites tablettes carrées; elle sert à tracer sur les étoffes les diverses parties des vêtemens et à préparer ainsi la coupe.

ÉTOFFES.

Aujourd'hui les tailleurs étant presque toujours chargés de fournir les étoffes, il est indispensable de placer ici quelques données générales sur celles les plus en usage; nous renverrons au vocabulaire qui termine cet ouvrage pour les noms de fantaisie qui se distinguent par une sorte de travail bien tranché.

Nous avons divisé cet article en deux parties : les étoffes qui servent aux habillemens d'hiver et qui contiennent la draperie, et celles employées pour les vêtemens d'été.

On trouvera plus loin les tissus qui ne sont propres qu'aux doublures ou aux garnitures.

ÉTOFFES D'HIVER.

Drap. Nom général donné aux étoffes de laine résistantes, non croisées.

Les draps se fabriquent dans différentes villes de France, mais les plus estimés sont tirés de Sédan, Louvier, Elbeuf, Abbeville, Andelys.

La largeur la plus ordinaire du drap est de 5/4 ; il y a une grande variété de qualité et de prix.

On les classe aussi en *petit teint, grand teint*, et *teint en pièce*.

Les petits teints changent de couleur : les teints en pièce ont la coupe blanche et blanchissent aussi sur les coutures ; ils ne sont guère employés que pour l'habillement des troupes et pour la confection des habits qui se vendent chez les fripiers : ces derniers emploient aussi les petits teints.

La désignation de *draperie* est donnée a des étoffes moitié laine, moitié fil, mêlés aussi à d'autres matières propres à l'ourdissage, croisées, de toutes qualités, et d'une infinité de longueurs et de largeurs différentes ; on divise ces étoffes en *petites draperies* et *draperies veloutées* ou *étoffes veloutées*.

La petite draperie, comprend les camelots, bouracans, étamines, serges, prunelles, calmandes, turquoises, silésies, etc., dans la fabrication desquels le fil, le coton, ou la soie, s'emploient et se mélangent avec la laine.

On comprend sous le nom d'*étoffes* veloutées, les peluches, les pannes, les velours d'Utrecht et autres semblables.

Nous avons parlé de toutes ces étoffes à leur noms propres.

Castorine. Tissu de laine assez semblable aux espagnolettes et croisé de même, mais plus léger que cette dernière étoffe et fait avec de la laine d'une plus belle qualité; sa largeur est de 5/4; on en fait des redingotes d'hiver.

Coatings. Étoffe toute de laine, non croisée, elle est ratinée d'un côté et sert à faire des manteaux pour les dames. On en fabrique qui sont tirées à poil et d'une très belle laine; ces dernières sont employées pour la confection des redingotes.

Cuir de laine. Étoffe croisée en laine et coton ou toute en laine; ceux que l'on fabrique à Louviers ont la chaîne en coton et la trame en laine, et sont beaucoup plus épais que les autres, mais sujets à se couper. Ceux en toute laine sont plus souples, et par conséquent d'un meilleur usage. Les cuirs de laine les plus estimés se fabriquent à Castres.

Molleton. Étoffe de laine croisée tirée à poil, tantôt d'un seul côté, tantôt des deux côtés; ils ressemblent à l'espagnolette, mais sont plus légers; ils ont ordinairement une demi-aune et demi-quart de large, servent pour la confection de veste et de pantalon du matin; on les emploie quelquefois pour des redingotes, mais ils sont d'un mauvais usage.

Ratine. Étoffe de laine croisée. Il y a des ratines drapées ou apprêtées en draps, d'autres à poil non drapées, et des troisièmes dont le poil est frisé du côté de l'endroit; on les appelle pour cette raison ratines frisées; on se sert maintenant très peu de cette étoffe pour faire des vêtemens; les ratines de Hollande passent pour les plus belles de celles qui se fabriquent en Europe, cependant celles d'Andelys et d'Elbeuf ne leur cèdent en rien.

Tricots. Étoffe de laine ou espèce de drap qui n'est pas tiré à poil; on l'emploie le plus ordinairement pour habiller la troupe ou pour garnir l'intérieur des collets d'habits à la place de la tirtaine; il est préférable à cette dernière à cause de sa fermeté.

Panne. Étoffe veloutée qui tient le milieu entre le velours et la peluche, ayant le poil plus long que l'un et moins long que l'autre; on en fabrique en soie et laine, en laine et poil de chèvre et tout en laine.

Il y a des pannes renforcées poil court ou à long poil et de toutes couleurs; elles servent souvent à faire des vestes et culottes de livrées.

Velours. Étoffe de soie ou de coton, dont le côté de l'endroit présente un poil épais, court et très doux, et celui de l'envers un tissu ferme et serré.

On fait des velours pleins, tout unis

et à raies de diverses couleurs, des velours dits, *quatre poils, trois poils, deux poils, un poil et demi*, et un petit velours de dernière sorte qu'on appelle *renforcé.*

On fabrique un velours mince, à dessein diversifié par des figures et des couleurs variées, ou bien a fond d'or, d'argent ou de satin; des velours ras, des velours frisés, à carreaux, cannelés, chinés, etc.

Les velours de soie se fabriquent à Aix, Lyon, Nîmes, Tours, Toulouse, Gênes, Milan, Naples, Venise, etc.

Les velours de coton à Abbeville, Amiens, Beauvais, Lilles, Nante, Pontaudemer, Sens, Saint - Simphorien, Troyes, Amsterdam, Anvers, Bruxelles, Gand, etc.

Peluche. Étoffe qui se fabrique comme la panne et le velours, mais dont le poil est beaucoup plus long. Il y en a dont la chaîne est en fil et poil de chèvre, ou en laine, et la trame en laine ; cette sorte de peluche se fabrique à Abbeville , Amiens, Lille ; il y en a d'autres toutes en soie qui se fabriquent à Lyon , Nîmes et à Vienne.

La largeur de ces sortes de peluche est de 1/3 à 5/12, les pièces de 30 à 40 aunes.

Cette étoffe est employée pour faire des collets de manteaux et autres ouvrages analogues.

Alpaga. Étoffe très forte, toute en laine, qui ressemble à l'espagnolette, mais dont le poil est beaucoup plus long ; elle s'emploie pour faire des redingotes.

Draps de soie. C'est une étoffe croisée en soie, mais très forte ; sa largeur est de 3/8, sa couleur la plus ordinaire est le noir ; on en fait cependant de blanc. Les draps de soie servent à la confection des culottes et gilets habillées.

ÉTOFFES D'ÉTÉ.

Bouracan. Étoffe dont la chaîne et la trame sont en laine; on l'emploie pour redingotes d'été, vestes de chasse et douillettes.

On distingue les bouracans en larges et étroits; les premiers doivent avoir 5⁄8. On les divise en trois classes : *bouracan fin, demi-fin* et *commun.* Il y en a de toutes les couleurs possibles. Les bouracans étroits sont façon d'Angleterre, quant à la largeur seulement, mais supérieurs pour la fabrication et pour la qualité à ceux des Anglais. Ils ont 20 à 22 pouces de large.

Il y a quelques bouracans dont la chaîne est de chanvre.

Batiste. Sorte de toile de lin très fine; on l'emploie généralement pour faire des pantalons, des guêtres et des blouses, mais, pour ces usages, on se sert toujours de la *batiste écrue*. Sa largeur ordinaire est de deux tiers à trois quarts et demie.

Casimir. Étoffe de laine croisée et légère qui a pris son nom de celui qui la fabriqua le premier. Sa largeur ordinaire est de 7/12, 5/8 et 2/3.

On en fait de toutes couleurs pour gilets et pantalons.

Le casimir que l'on fabrique en France ne le cède en rien à ceux que l'on tirait autrefois de l'Angleterre et qui sont très estimés.

Les villes dans lesquelles il y a des fabriques de casimir, sont : Abbeville, Amiens. Andelys, Elbeuf, Louviers, Reims, Rethel et Sedan. Cette dernière donne les plus beaux produits.

Coutils. Espèce de toile croisée, il y en a de différentes espèces, ceux dont on se sert ordinairement pour pantalons, sont les *coutils fougères* et les *coutils courses*, connus sous le nom de *coutils russes*. Il y en a en *blanc* et *écrue*. Les premiers se font en fil ou en coton, ou bien fil et coton, les seconds sont tout en fil.

La largeur ordinaire est de 5/8, ceux en fil et coton ne portent que 22 à 24 pouces au plus. Il y en a aussi qui tiennent le milieu entre le blanc et l'écru par la couleur; on le nomme *coutil belge* : il est très recherché pour les habillemens d'été.

Turquoises. Étoffe de coton dont la chaîne est beaucoup plus forte que la trame, qui lui forme une petite cotte; on les vend unies et imprimées : elles servent a faire des gilets.

Espagnolette. Étoffe de laine croisée de différentes largeurs, suivant les endroits où elle se fabrique, mais presque généralement de 5/8. Les espagnolettes les plus estimées sortent des fabriques de

Darnetal; on en fait aussi à Rouen, Beauvais et Reims.

Finettes. Nom que l'on donne à des toiles de coton croisées, qui servent à faire des caleçons et des doublures.

Flanelle. Sorte d'étoffe de laine croisée et non croisée, légère et peu serrée; il se fait des flanelles de plusieurs largeurs; les plus ordinaires sont de demi-aune, cinq-huit, deux tiers et trois quarts de large.

Les flanelles qui se font en Angleterre étaient autrefois très recherchées à cause de leur finesse et de leur bonne qualité; mais nos fabricans se sont attachés à perfectionner cette étoffe, et aujourd'hui les flanelles françaises rivalisent avec avantage celles de nos voisins.

On en fait à Angers, Beauvais, Bernay, Castillon, Castres, Clermont, Darnetal, Laval, Limoges, Lisieux, Montpellier, Reims, Rhetel, Rouen, Saint-Geniez et Verneuil.

Gambaroux. Espèce de poil de chèvre croisé, très fort, dont on fait des pantalons; on en fabrique de toutes les couleurs; sa largeur est celle des autres poils de chèvre.

Alépine. Étoffe croisée en soie et laine, la chaîne est en soie et la trame en laine; sa largeur est de 7/8; on en fait des redingotes et des pantalons.

Étamine. Petite étoffe très légère non croisée, composée d'une chaîne et d'une trame, qui se fabrique avec la navette sur un métier à deux manches. Il se fait des étamines toutes de soie, d'autres dont la trame est de laine et la chaîne de soie, d'autres dont la chaîne est moitié soie et moitié laine et la trame toute de laine, d'autres enfin entièrement de laine. On les tire d'Avignon, de Lyon, Alençon, Ambert, Amiens, Angers, Bagnière, Bazoche, Beaumont, Blois, Châlons, Château-Gonthier, Chinon, Ferté-Bernard, Ferney, Laval, Le Mans, Nogent-le-Rotrou, Nantes, Périgueux, Poitiers, Reims, Rhetel, Romans, Saintes, etc.

Burat. Étoffe de laine un peu plus forte que celle nommée étamine, dont pourtant elle est une espèce.

Camelot. Étoffe de laine non croisée, composée d'une chaîne et d'une trame qui se fabrique avec la navette sur un métier à deux manches, de même que la toile ou l'étamine.

Les camelots sont plus ou moins larges, et de différentes qualités; il s'en fait de toutes couleurs, les uns en poil de chèvre trame et chaîne, d'autres dont la trame est de poil et la chaîne moitié soie et poil, ou la chaîne et la trame en laine, et enfin d'autres dont la trame est de laine et la chaîne de fil. Il y en a de teint en fil, c'est-à-dire dont le fil, tant de la chaîne que de la trame a été teint avant la fabrication. Il y a aussi des camelots de soie de diverses couleurs, mais qui ne sont à vrai dire que des taffetas déguisés.

La largeur du camelot est ordinairement de sept seize et demi-aune, ou bien encore de 5/8; il y en a de 5/4. Les plus estimés sont appelés *camelots façon Bruxelles*, les secondes qualités se nomment *camelots fil retors* ou *camelots à gros grains*, la troisième qualité est nommée *camelot quinette*.

Mexicaine. Étoffe croisée en laine et coton, et même tout en coton; les premières ont la chaîne en coton et la trame en coton et laine; sa largeur est de 22 à 24 pouces. On en fait des redingotes d'été, des vestes de chasse et des pantalons.

Circassiennes. Étoffes de laine et coton; elles diffèrent des mexicaines en ce qu'elles ont la trame toute en laine et qu'elles sont plus larges; on en fait de 5/8 et de 5/4. Cette étoffe est d'un excellent usage pour les redingotes d'été; on doit la préférer aux camelots et bouracans.

Poil de chèvre. Étoffe dont la chaîne est en coton et la trame en poil de chèvre. On en fabrique de différentes manières : poil de chèvre uni, broché, croisé, etc. Les plus estimés sont ceux qui se font en Angleterre; ceux de Reims les rivaliseraient, s'ils ne laissaient encore à désirer quelque chose pour les apprêts. On fait aussi une étoffe assez semblable en laine, que l'on nomme *faux ras :* sa largeur ordinaire est de 5/8.

Nankinet. Nom que l'on donne à une étoffe de coton fabriquée de la même manière que les nankins, mais plus large et plus légère; il y en a de différentes couleurs.

Nankin. Etoffe de coton, de couleur chamoise; qui se fabrique à la Chine, principalement dans la ville de même nom ét qui est imitée aux Indes, dans plusieurs villes d'Europe et à Rouen.

On divise les nankins d'après leur largeur et leur qualité : les nankins des Indes, larges ou étroits, nankins de Rouen et d'Alsace; les derniers sont les mieux contrefaits.

Les nankins des Indes portent ordinairement 5 aunes deux tiers et se vendent par paquets de dix pièces; une pièce se réduit souvent par les marchands à quatre aunes; il y a du choix dans ces étoffes, c'est ce qui en fait varier le cours.

Piqué. Etoffe fabriquée toute de fil de coton, tant pour la chaîne que pour la trame; on en distingue de plusieurs espèces : piqués imprimés, piqués gauffrés, piqués de Saxe, piqués anglais, piqués de Marseille et d'Amiens; les piqués dits anglais sont les plus estimés; leur largeur est de 5/8 : ils s'emploient ordinairement pour gilets ou pantalons.

Prunelle. Etoffe légère en soie et laine de diverses couleurs ; il se fabrique aussi des prunelles de coton, ce sont celles dont on se sert ordinairement pour faire des pantalons ; leur largeur est de 7/12 ; on les tire principalement d'Amiens ou de Roubaix.

Satin. Etoffe de soie travaillée de manière que la trame ne paraît nullement à l'endroit, et à laquelle on donne du brillant par le moyen du cylindre. Il se fait des satins fil et coton, en laine et tout coton ; ces sortes de satin s'emploient pour pantalons : on en fabrique de différentes couleurs.

Silésie. Drap léger qui a pris le nom de la province où il fut d'abord fabriqué ; on en a fait depuis à Reims, que l'on nomme drap de Reims, et dans plusieurs autres villes : il porte 5/8 de large.

FOURNITURES, GARNITURES.

On comprend sous le titre de *fourniture* les objets qui servent à la confection des vêtemens, tels que fil, soie, doublures, etc.; le nom de *garniture* est plus spécialement applicable aux choses qui servent à maintenir les formes de certaines parties et qui ne sont pas apparentes, comme les toiles, tirtaines, etc., des collets, revers, épaules, etc. On y comprend cependant aussi les boutons, olives, galons et autres ornemens.

Boutons. Petits ouvrages qui servent à attacher ou maintenir les vêtemens; il s'en fabrique de différentes matières: en or, en argent, en cuivre, en acier, en étain, en soie, en poil de chèvre, en fil, en os, en corne, en corne fondue, en cuir, etc.; Paris, Rouen, Lyon, sont les villes où il s'en fabrique la plus grande quantité de diverses sortes; Amboise,

Bordeaux, Quilau, La Charité, en ont aussi des fabriques de différens métaux ; Abbeville, Amiens, Chantilly, Gisors, Senlis, Sedan, en fabriquent en soie, en poil de chèvre et en fil.

Fil. Corps long et délié, fait avec diverses matières tordues au rouet ou au fuseau ; celles dont on se sert ordinairement sont : la soie, la laine, le chanvre, le lin, les orties, le coton, quelques écorses d'arbres, et enfin avec le poil de plusieurs animaux, tels que les chameaux, les chèvres, les castors, etc.

Ce qu'on appelle *fil*, sans y rien ajouter pour en spécifier la nature, s'entend toujours de celui qui est fait avec de la filasse de lin ou de chanvre, et qui sert à coudre et à fabriquer divers ouvrages de lingerie.

Le commerce du fil est un des plus considérables ; il est peu de pays où l'on n'en fabrique. La France consomme et négocie, non-seulement celui qu'elle produit, mais elle en tire beaucoup de la Belgique et de la Hollande; les fils s'achètent et se vendent au poids, à la la grosse d'écheveaux, à la poignée, ou bien à la douzaine, ce qui s'entend de la vente en gros, car pour le détail, ils se débitent à l'once, demi-once, ou à l'écheveau.

Il y a quantité de fils qui se distinguent par le nombre de tours dont chaque écheveau doit être composé; d'autres se reconnaissent par les numéros dont la série augmente avec la finesse, ainsi les numéros les plus bas indiquent les fils les plus gros.

Les fils en trois ont 48 tours; on en fait de toutes couleurs. Les fils blancs, nommés à la *religieuse* n'ont que 3o tours.

Les fils blancs appelés communément *d'Epinay*, qui se fabriquent à Lille, ont 48 tours et se vendent à la douzaine; on en connaît la grosseur par les numéros. Les plus gros commencent au n° 14 et diminuent de dix en dix jusqu'au n° 300 qui sont les plus fins.

Les fils les plus estimés sortent de la fabrique de M. Bonnier-Cardou de Lille.

On se sert pour bâtir de fils nommés *bis* ou *herbés*, qui n'ont ordinairement que trente-six tours; ils se vendent à la poignée.

Futaine. Étoffe de fil et de coton qui paraît comme piquée d'un côté; il y en a à poil et à grain d'orge, et aussi à deux envers qu'on appelle *bon basin*, et qui est doublement croisé. Un grand nombre de futaines ont la tramé en lin ou en chanvre.

Ces étoffes ont une demi-aune de largeur.

Bougran. Sorte de grosse toile gommée, calendrée et teinte de différentes couleurs; on l'emploie pour mettre dans les gilets afin de conserver leur forme et leur fermeté; on fait du bougran de toile et de coton; le premier est fabriqué avec du vieux linge, l'autre avec du gros calicot.

Canevas. Espèce de grosse toile qu'on emploie pour servir de droit fil ou garnir et consolider les différens ouvrages.

Ouates. Il s'en fait de différentes matières, en coton et en étoupe, de chanvre, ou filasse apprêtée.

Les ouates servent pour garnir les devans et les hauts de manches des habits et redingotes.

Passement. Petit ruban de fil plat un peu plus large que le lacet; on en fabrique de deux sortes, le blanc et le bis: ce dernier est le moins estimé; on ne s'en sert que pour des ouvrages communs.

Tirtaine. Etoffe grossière dont la chaîne est ordinairement de fil de chanvre et la trame en laine basse cordée; on en fait cependant toute en laine; sa largeur varie de 1/3 à 5/12. Cette étoffe sert de garniture.

Percaline. Toile de coton plutôt fine que grosse, ou calicot apprêté de différentes couleurs; sa largeur la plus ordinaire est de trois quarts; on l'emploie pour doublures; elle est d'un excellent usage.

Toile. Tissu de fil de lin ou de chanvre qui forme ce qu'on appelle le linge de corps, le linge de lit, de table, de ménage, etc., et qui sert à une infinité d'usages. Il n'y a point d'articles dont le commerce soit plus étendu que celui de la toile; elle se fabrique dans un grand nombre de lieux, et il y en a de qualités les plus différentes.

Les toiles se vendent ou *écrues* ou *blanches.*

Les toiles écrues sont celles qui sont

telles qu'elles sortent de dessus le métier, c'est-à-dire grisâtres ou de la couleur ordinaire du lin ; celles de chanvre sont jaunâtres.

Les toiles blanches sont celles qui ont passé par différentes lessives ou apprêts, et perdu leur couleur primitive. On en fait des caleçons.

Les toiles de Laval ou Bizance, les blondines, etc., servent à faire des doublures de pantalon ; leur largeur ordinaire est de 3/4. On se sert aussi pour doublure de toile dite de coton ou tissu de fil de coton ; il y en a de plusieurs sortes : toiles de coton blanchie, toile de coton écru, toile de coton à poil ; on les distingue encore par toiles de coton et toile de fil et coton ; leur largeur ordinaire est de 3/4 d'aune ; les toiles noires d'Allemagne s'emploient pour doublure de pantalons et poches d'habits.

Soie. Fil fin doux et lustré qui est

l'ouvrage d'un vers, qui se trouve dans les endroits plantés de mûriers; les soies torses qui ont eu leur filage, dévidage, et moulinage (elles sont plus ou moins torses, suivant qu'elles ont passé plus ou moins de fois au moulin), servent à faire les boutonnières et piqûres.

Cordonnet. Fil de soie fort, qui sert au même usage que la soie torse, mais qui a beaucoup plus de solidité.

Galons. Tissu étroit qui se fabrique avec l'or et l'argent, la soie, la laine, le fil, etc., et qui sert d'ornement, de bord, de garniture.

Le galon de soie, le plus en usage, se fabrique à Paris, Lyon, Saint-Chaumont, Saint-Étienne, Nîmes, Tour, Avignon, Toulouse.

. Ceux de laine, à Amiens et Beauvais, ceux de fil, à Paris, Amiens, Lille et Rouen.

DIVERS VÊTEMENS D'HOMMES (1).

Les vêtemens en usage aujourd'hui sont :

PANTALON. Vêtement tout d'une pièce qui enveloppe la partie inférieure du corps depuis les hanches jusqu'aux pieds.

— *à grand pont*, qui s'ouvre sur les coûtures des côtés ;

—*à petit pont*, qui s'ouvre sur le devant.

—'*à brayette*, qui n'a pas de pont.

Pantalon *collant*, qui s'applique parfaitement sur les membres et dessinent la forme des muscles.

— *droit* ou *ordinaire*, dont les jambes sont larges et qui dessine imparfaitement les formes ; il est à grand ou. à

---

(1) Pour les différentes parties des vêtemens, voy. le vocabulaire qui termine ce volume.

petit pont. Pantalon large à la cosaque ; il est à petit pont ou à brayette et froncé sur le devant.

Les pantalons, sont munis de *poches* et de *gousset* de montre.

Les *bouts* sont destinés à porter une boucle pour serrer la taille.

Culotte. Vêtement qui couvre depuis la ceinture jusqu'au-dessous du genou , c'est un pantalon collant raccourci et serré par le bas au moyen de jarretiè-res : il est peu en usage aujourd'hui.

Habit qui couvre le corps et se prolonge par derrière, laissant à découvert le bas-ventre et le devant des cuisses.

L'habit se compose du collet, du dos, des côtés, des revers, des basques, des manches et des paremens ; il est muni d'une poche de côté pour le portefeuille et de deux poches de derrière, et orné de pates de fausses poches sur les côtés.

Le collet, les revers et la forme des basques, varient suivant les modes.

Habit-veste. Habit dont les basques sont très courtes, les poches dé derrière en travers, les paremens souvent en pointes : c'est un vêtement de négligé.

Les vestes de chasse sans revers portent des poches dites à poignards, sur les côtés du devant de la poitrine; elles ont une ouverture oblique ornée de boutons; le collet est droit ou renversé, les épaulettes garnies de pates.

Veste ronde. Habillement d'ouvrier sans basques et croisé sur la poitrine.

Redingote. Semblable à l'habit, à l'exception des basques qui sont larges et enveloppent tout le tour des cuisses. Elle est *longue* et descend jusqu'au-dessous du mollet, ou *courte* et couvre à peine le genou.

Elle est *droite*, et ne porte qu'un rang

de boutons, ou *croisée* et en porte deux; la forme du collet et des revers varie suivant les modes.

La redingote droite ne porte pas de fausses poches sur les hanches.

ⁱLa redingote *croisée* a les poches des hanches ouvertes.

La redingote de chasse est courte, droite, à collet droit ou renversé, et porte sur les côtés des poches à poignards et sur les hanches des poches ouvertes; les épaules sont garnies de pates.

Les redingotes sont à schall, à collet droit ou ordinaire; leur forme, leur longueur et leur ampleur reçoivent un grand nombre de modifications, suivant les goûts et les modes du jour.

CAPOTE. Redingote large, faisant partie de l'équipement militaire; elle a le collet droit, les revers larges et croisés; cette désignation est souvent étendue aux redingotes ordinaires.

CAPOTE A COLLET, ou mieux *capote-manteau*. C'est une espèce de redingote large portant un très grand collet qui a la forme d'un manteau; ce vêtement tient souvent à l'équipement militaire.

CARRICK. Capote portant plusieurs collets l'un sur l'autre, qui couvrent les épaules et la partie supérieure du corps; elle se serre au moyen d'une ceinture et coulisse et se ferme avec des pates.

La forme de ce vêtement est assez variable; il a été remplacé depuis quelques années par les manteaux.

POLONAISE. Sorte de redingote à collet droit et sans revers, orné de galons et de chamarrures. C'est un vêtement un peu militaire.

Le corsage est celui des uniformes, les basques celles de la redingote droite.

MANTEAU. Grand vêtement circulaire qui s'attache au cou avec des agraffes ou un cordon; il est plus ou moins long et ample; un collet en fourrure, en pluche ou en velours surmontant une pélerine. Les devans sont doublés en velours ou en serge.

CRISPIN. Petit manteau, ou grande pélerine tombant jusqu'aux genoux; il n'est guère porté que par des officiers d'infanterie.

HOUPPELANDE. Espèce de robe longue couverte sur le devant, avec de larges manches; elle n'est plus en usage.

DOUILLETTE. Robe large à manches et croisée, faite en soie, ou étoffe légère et ouatée. C'est un vêtement de vieillard.

ROBE DE CHAMBRE. Sorte de redingote croisée ou à schall, très ample, et faite de différentes étoffes légères, dont la forme varie selon la mode.

GILET. Veste courte sans manches, couvrant la poitrine. Le gilet est droit

ou croisé; le collet est en schall, en redingote, droit ou rabattu. Il a deux poches sur le devant.

Les devans du gilet sont seuls faits
avec une étoffe de choix; le dos est en
étoffe de doublure, serré avec des cor-
dóns, un lacet, ou avec des bouts à
boucles.

La mode agit beaucoup sur la largeur, la longueur et la forme des gilets.

Gilet de flanelle pour être placé
en contact avec la peau. C'est une espèce de camisole longue, droite et à
manches assez larges.

Caleçon. Sorte de culotte ou de pantalon collant, qui se porte sur la peau;
on en fait en toile, en futaine, en
tricot, etc.

DE LA MESURE DES VÊTEMENS.

La première opération qui occupe le tailleur est la prise des mesures; elle est très importante, puisqu'elle sert de base à la coupe, d'où dépend entièrement la façon, et qu'elle détermine exactement la forme et les dimensions de toutes les parties du corps que l'on doit vêtir.

On se servait il y a encore peu de temps, et plusieurs tailleurs se servent même encore, d'une bande de papier forte et double, de quatre à cinq pieds de longueur et d'environ un pouce de largeur, sur laquelle on marquait par des coches ou des coupures faites avec des ciseaux, les longueurs et largeurs utiles à connaître.

Cette bande de papier est maintenant généralement remplacée par un ruban d'étoffe, de soie ou de maroquin, divisé en centimètres (*fig.* 1re, *pl.* 11)(1). Il sert à prendre toutes les dimensions que l'on écrit alors en chiffres sur un livret.

Si tous les hommes étaient bien proportionnés, les mesures seraient bien faciles à prendre; mais il n'en est pas ainsi, chaque individu présente quelques particularités qu'il est essentiel d'observer; ce ne sont pas toujours des difformités, mais des habitudes de corps, qui dépendent souvent de la manière de se tenir, des occupations auxquelles on se livre habituellement, du degré de force ou de faiblesse de certains mem-

---

(1) Il est important de se familiariser avec le mètre et ses subdivisions.

Le mètre, l'étalon des mesures de la France, est la dix-millionième partie du quart du méridien, ou longueur d'environ 3 pieds 11 lignes 1/2.

Il est divisé en 10 parties nommées *décimètres*. Chaque décimètre est divisé en 10 parties nommées *millimètres*, qui étant fort petites, sont très favorables pour prendre des mesures exactes.

bres, etc. Ces variations sont l'écueil qui fait échouer le plus grand nombre des tailleurs, et les difficultés qu'il faut savoir vaincre; mais on ne peut donner aucuns principes satisfaisans à ce sujet; un coup d'œil exercé, une grande pratique peuvent seuls guider dans ces occasions fréquentes.

Nous allons donc donner successivement toutes les mesures à déterminer pour les différens vêtemens, en les supposant prises sur un homme bien proportionné; mais nous croyons utile de faire précéder cette instruction par quelques détails sur les dimensions naturelles du corps humain.

On s'est servi de plusieurs méthodes pour déterminer les proportions d'un corps; la plus ancienne et la plus communément employée par les artistes donne à l'homme huit fois la hauteur de sa tête, de la manière suivante. (*Fig.* 2, *pl.* 2.)

1re Partie : du crâne au menton.

2 — du menton aux mamelles.

3 — des mamelles au nombril.

4 — du nombril aux parties sexuelles.

5 — des parties sexuelles à la moitié de la cuisse.

6 — du milieu de la cuisse au genou.

7 — du genou au-dessous du mollet.

8 — du dessous du mollet au talon.

La même longueur de huit hauteurs de tête s'observe aussi de l'extrémité d'une main à l'autre, en passant par les épaules.

Cette division s'applique à un individu parfaitement proportionné, mais il est rare de le rencontrer, et l'on trouve bien plus souvent à appliquer la division de sept têtes, mais alors on l'a combiné en *faces*, et l'on a trouvé que la hauteur du corps était de dix faces.

La face commence à la naissance des plus bas cheveux qui sont sur le front, et finit au bas du menton.

La face se divise en trois parties égales : la première contient le front; la seconde le nez; la troisième la bouche et le menton.

En se servant de cette face et de sa division, on trouve :

1º Du menton à la faussette d'entre les clavicules, une longueur de nez ou un tiers de face ;

2º De la fossette d'entre les clavicules au bas des mamelles, une face;

3º Du bas des mamelles au nombril, une tête ou une face et un tiers;

4º Du nombril jusqu'au bas du ventre, une face;

5º Du bas du ventre jusqu'au milieu de la palette du genou, une tête et une face ou sept parties;

6º Du milieu de la palette du genou jusqu'au coude-pied, une partie.

La largeur d'un côté des mamelles à l'autre est de deux faces.

6.

L'os du bras est long de deux faces, depuis l'épaule jusqu'au coude.

Du coude à la naissance du petit doigt, deux faces.

Entre les extrémités des épaules, deux têtes ou huit parties.

GROSSEURS.

Il est difficile de calculer d'une manière exacte la grosseur des membres, puisqu'elle est modifiée par la plus ou moins grande force des muscles, l'embonpoint des personnes, et selon les différentes attitudes du corps; ainsi, il faut toujours prendre les mesures sur la nature.

MESURES DU PANTALON.

Pour la mesure du pantalon, on prendra d'abord la longueur du *côté* depuis la hanche jusqu'au bas de la cheville du pied; elle sera le plus ordinairement,

selou la mode, de 112 centimètres.
(*Fig.* 2, *pl.* 2, n° 1.)

L'écart, depuis l'entre-jambe jusqu'à la cheville au-dedans de la jambe, 82 centimètres B.

Le *haut de la cuisse*. Il faut avoir soin de prendre cette mesure du côté où l'individu porte ordinairement les parties génitales, et en faire mention sur son livret, parce que donnant par la coupe une légère échancrure au côté opposé, on forme ainsi un embus qui prévient les plis désagréables qui déparent le plus souvent les pantalons; on trouvera communément 36 centimètres C.

Le *milieu de la cuisse*, de 28 centimètres D.

Le *genou*, qui donnera 24 centimètres si l'on fait un pantalon large et droit, et 21 centimètres si l'on veut serrer davantage le genou E.

Le *gros du mollet* devra avoir 23 centimètres F.

Le *bas*, de 22 centimètres G.

La *ceinture*, de 42 centimètres H.

Si la personne que l'on doit habiller a un ventre prédominant, il faudra prendre une nouvelle mesure, qui variera suivant sa grosseur.

Le tailleur étant habitué à prendre toujours ses mesures dans le même ordre, ne sera pas obligé d'écrire sur son livret tous les détails que nous venons de donner; il emploiera seulement des chiffres, comme il suit :

1	112 c.
2	82
3	36
4	28
5	24 ou 21
6	23
7	22
8	42

Pour le pantalon collant, on prendra des mesures plus rigoureuses et on en ajoutera deux de plus, savoir : la grosseur de la cuisse au-dessus du genou J, la grosseur de la jambe au-dessous du genou et à la naissance du mollet K.

Le bas de la jambe doit être pris au-dessus des chevilles du pied et serré: on conçoit que ce vêtement devant être serré sur les muscles et en dessiner parfaitement les formes, doit être mesuré avec un grand soin et être soumis à une foule de variations.

MESURES DE L'HABIT.

1. *Longueur de la taille* depuis la nuque, ou base du collet, au bas de la taille L. (*Fig. 2, pl. 2.*)

2. La longueur de la basque de la taille au bas, suivant la longueur que l'on doit lui donner M.

3. *L'écarrure*, ou largeur du dos entre les deux épaule N.

4. La longueur de la manche depuis le milieu du dos jusqu'au coude. Il faut

faire tenir le bras élevé et plié en équerre O.

5. Du coude au poignet, dessous l'avant-bras P.

6. La grosseur du bras au-dessous de l'aisselle Q.

7. Au coude R.

8. Au bas de l'avant-bras près du poignet S.

9. La grosseur du corps, d'abord en haut en passant par dessous les aisselles T à la ceinture V.

10. Largeur de la poitrine, de l'une à l'autre épaule X.

11. Longueur du revers, du milieu du dos au-devant en passant sur l'épaule Y.

12. Longueur du côté, du dessous du bras à la hanche Z.

Ces mesures sont suffisantes et sont seules prises par la plupart des tailleurs, mais on peut, pour plus de précision, y ajouter les suivantes :

La largeur de l'épaulette Æ.

La grosseur de l'épaule & (1).

On doit ne marquer sur le livre des mesures que la moitié de toutes les largeurs.

Ainsi, par exemple, on aura pour une taille bien proportionnée et en suivant l'ordre ci-dessus :

1.	47 cent.
2.	98
3.	17
4.	54
5.	88
6.	22
7.	17
8.	12
9.	48
10.	42
11.	64
12.	24

(1) Voy. plus loin pour la coupe des collets et des paremens.

Une mesure très importante et qui souvent, prise sur un homme bien proportionné, peut servir à déterminer toutes les autres parties du corsage, est celle de la demi-grosseur du haut du corps, en passant sous les bras; cette mesure est susceptible d'une opération appelée *tiersage*, et donne le résultat suivant :

Soit, par exemple, la demi-grosseur du haut du corps de 45 centimètres, on peut donner (*fig. 3, pl. 2*) :

Demi-largeur de l'écarrure. . . . 15 c.
Diamètre de l'emmanchure. . . 15
Côté du revers ou de la poitrine. 15
Longueur de l'épaulette. 15
Demi-largeur du haut du dos. . 5
Demi-largeur de la taille. . . . 5

Ces dimensions ne sont certainement pas générales, mais elles sont applicables dans beaucoup de cas, et ont été souvent pratiquées avec succès.

REDINGOTE.

La mesure de la redingote est absolument la même que celle de l'habit; on détermine, selon la taille et selon les modes, la longueur des basques. (*Voyez* l'article Coupe.)

GILET.

La grosseur du corps, sous les bras, 48 centimètres.

La grosseur de la ceinture, 42 c.

Cependant, dans certains cas, on peut déterminer en plus.

La longueur du milieu du dos au bas du devant, 62 c.

La longueur du collet, 22 c.

La largeur de la poitrine, 15 c.

Si c'est un gilet fermé, il faut prendre avec soin la grosseur du cou.

Toutes ces mesures du haut du devant

varient suivant la forme que l'on veut donner au collet et aux revers.

MESURE DES GUÊTRES.

Pour une guêtre longue il faut prendre toutes les grosseurs, en commençant toujours par le haut. Pour les petites guêtres, cinq mesures qu'il est nécessaire de déterminer avec une grande exactitude.

La longueur, 1° la grosseur du haut, 2° au-dessus de la cheville, 3° du coude-pied, 4° celle du pied, en commençant la première à la plante, la seconde à l'extrémité, et on doit finir par le gousset, 5° la longueur du gousset prise du talon à la couture et finissant au milieu du dessus du pied.

TRACÉ DES PATRONS ET COUPE.

La coupe des vêtemens est la partie la plus difficile de l'art du tailleur; elle exige une grande pratique et un œil sûr et exercé.

On commence par se munir d'une collection de patrons sur plusieurs tailles; mais, comme les dimensions de la nature varient considérablement, on est obligé de modifier ces patrons d'après les mesures que l'on a prises, ce qui ne présente pas de grands obstacles; mais le tracé des patrons, qui n'a pas de règles certaines et positives, exige beaucoup d'habitude.

Un tailleur habile peut, à l'aide des mesures tracer directement sur l'étoffe et couper sans patrons; il est cependant bon de s'en servir constamment, on risque moins de commettre des erreurs et de faire de fausses coupes, et ils donnent des moyens certains d'économiser l'étoffe, et de n'en perdre presqu'aucune partie.

On a cherché à soumettre le tracé des patrons à des règles invariables en

y appliquant les principes de la géométrie, mais ce procédé est trop savant
pour être compris par la plus grande
partie des praticiens, et les opérations
qu'il exigeait demandent trop de temps
pour qu'il soit jamais adopté par les tailleurs, qui arrivent bien plus sûrement à
leur but, avec des moyens de routine.
Mais les gens du monde qui voudraient
accidentellement s'occuper de la coupe
des vêtemens, réussiront bien mieux
par les opérations graphiques.

Nous commencerons par décrire,
aussi clairement que cela est possible,
les procédés employés le plus ordinairement par les tailleurs, et nous traiterons
ensuite le tracé géométrique : la com-
paraison de ces deux méthodes suffira
pour guider dans la confection de toutes
les parties de l'habillement; cependant
il y a plusieurs accessoires qui sont in-
dépendans de la coupe, et qu'il faudra
chercher à l'article qui traite des façons.

L'économie de l'étoffe est une partie très importante ; il faut disposer les différens patrons les uns auprès des autres, de telle sorte que la coupe ne produise pas de morceaux, ou du moins que les morceaux qui pourraient en résulter, puissent être employés pour quelques accessoires ou garnitures.

En plaçant les patrons sur une étoffe, il faut observer le sens du poil, afin qu'il soit toujours dirigé vers le bas ; nous avons donné un exemple de cette disposition en décrivant la coupe de la redingote. (*Pl.* 3 , *fig.* 2.)

Les patrons se tracent communément sur du papier fort ou sur du carton-carte lisse. Ils représentent la moitié des parties qui doivent se développer, comme, par exemple, la moitié du dos, la moitié des côtés du corsage, etc. ; mais il y a des choses pour lesquelles on n'en fait pas, telles que les basques, etc.

Nous commencerons par le tracé du

pantalon, comme le vêtement le plus simple et le plus facile.

Comme le tracé se fait à la craie, sur l'étoffe même, il est très important que le tailleur soit parfaitement exercé à certaines pratiques qui tiennent un peu du dessin, comme de tracer à main levée une ligne droite, de décrire une courbe plus ou moins prononcée, de décrire un cercle, de faire des lignes droites ou courbes, parallèles, et enfin, de mettre de la pureté et de l'exactitude dans le trait qui doit être ensuite suivi par les ciseaux.

Toutes les lignes tracées ne doivent pas être coupées, il y en a qui ne servent qu'à la construction de la figure; ces derniers sont indiqués en points sur les exemples qui accompagnent cet ouvrage.

PANTALONS.

Nous considérons trois formes de pantalons : 1° le pantalon large ordinaire
(à grand ou à petit pont); 2° le pantalon collant; 3° le pantalon à plis, dit à
la cosaque : on le fait à brayette.

PANTALON LARGE OU ORDINAIRE.

Le drap étant déployé le bas de la
pièce vers la gauche, on trace du côté
du pli une ligne droite de A B, 110 (*fig.* 4,
pl. 2), qui sera le côté du point A;
avec la règle on élevera une perpendiculaire de 22 centimètres de A C, qui
sera le bas du pantalon; à trois centimètres de distance on élevera une ligne
parallèle pour le rempli du bas P.

Du point C on tirera une ligne parallèle à la ligne A B, 110 cent. De ce
même point C, on marquera l'écart E,
82 c., et sur ce point on élevera la per-

pendiculaire E D, et, à partir du point D vers E, on marquera moitié de la grosseur de la cuisse, 36 cent., de la même manière, la ligne F G, milieu de la cuisse, 28 c., la ligne des genoux H I, de 21 c., la ligne du mollet J K de 23 c. (Le côté droit doit être creusé dans la partie du genou de 2 cent.)

Du point B vers le point L, on marque la moitié de la grosseur de la ceinture de 22 c. Le devant ou pont doit avoir pour une personne ordinaire 2 c. de plus de montant, c'est ce qui donne à cette partie 112 c. pour former l'écart sur la ligne E D; on tracera une partie circulaire *m n*. Si le pantalon est à petit pont on coupera une ligne droite *a b* de 16 c. de longueur, de 7 c. de largeur du haut et 8 c. du bas; derrière le pont, on fait la levée pour que la ceinture soit plus basse que le haut de pont et supporte les boutons de celui-ci, la coche *d* indique l'ouverture de la poche.

On donnera plus ou moins de rondeur au devant du pont, suivant que le
ventre sera plus ou moins bombé. Nous
avons indiqué cette variation par des
points longs.

Le devant étant taillé, pour former le
derrière, on le placera sur l'étoffe, ayant
le soin de laisser de la couture sur le
côté, ensuite on décrira une courbe E O,
passant près du point L et s'étendant vers
le point O. Cette courbe doit être plus
fortement prononcée pour les personnes
dont les fesses ont une forte saillie; dans
le cas contraire, cette courbure diminue
et devient presque droite pour les individus qui ont peu de formes.

La courbure de la hausse peut être
tracée en prenant le point D pour centre; mais il est bon de lui faire subir une
légère échancrure vers le point L. La
hauteur du derrière varie selon que la
personne a cette partie forte. *Exemple:*
Pour celle qui a peu de forme on la di-

minue de 2 c., et dans le cas contraire, on l'augmente à peu près d'autant.

Par économie, on coupe souvent la hausse à part, comme l'indique la fig. 6.

Le sous-pont est indiqué à la fig. 5.

La ceinture est formée par des bandes d'étoffe de la longueur déterminée par la mesure prise et d'une largeur de 8 c. (*Fig.* 7.)

Deux petites bandes de 17 c. sur 8 de large servent à former les pates du pont. (*Voyez* l'art. Façon.)

Le *soufflet*, pièce triangulaire (*fig.* 8, *pl.* 2), se place derrière le pantalon et entre les deux parties de la ceinture; il sert à faciliter l'élargissement de la ceinture et n'est pas doublé dans la façon.

Les *bouts*, sont deux bandes de drap de longueur différente (*fig.* 9), le plus petit bout, placé sur la gauche, est percé d'une boutonnière destinée à recevoir la boucle; ils sont cousus en arrière des coutures des côtés.

Pour le pantalon a grand pont, il n'y a aucune coupure à faire dans le haut; on rapporte seulement souvent de fausses pates qui simulent un pont étroit.

Le sous-pont est alors beaucoup plus allongé que dans le pantalon à petit pont (*fig.* 10, *pl.* 2), il est fixé dans les coutures des côtés. C'est sur ce sous-pont que l'on place les poches *a*.

Les bouts du pantalon à grand pont sont attachées sur la couture même des côtés; ils portent les boutons sur lesquels s'attachent les extrémités du pont, qui sont à cet effet formés par des pates. (*Fig.* 12, *pl.* 2.)

On peut unir les bouts aux extrémités du pont, ce qui en forme une véritable ceinture et remédiera à des plis et des bâillemens désagréables. (*Fig.* 11.)

PANTALON COLLANT.

Tout le haut de ce pantalon est entièrement semblable à celui du pantalon ordinaire à petit pont; mais, pour les jambes, on a dû prendre un plus grand nombre de mesures, et ces mesures seront aussi plus rigoureuses. (*Voyez* l'article Mesures.)

Ainsi on marque (*fig.* 13, *pl.* 2) la courbe de l'échancrure (1), la largeur du milieu de la cuisse, celle prise au-dessus du genou, celle du genou, celle de la partie supérieure du mollet, celle du mollet, et enfin celle du bas de la jambe prise au-dessus de la cheville du pied. Il sera facile de déterminer les courbures utiles pour envelopper parfaitement les formes de la jambe et de la cuisse.

---

(1) Dans la figure de notre premier pantalon, n° 4, nous avons indiqué par des lettres les extrémités de toutes les lignes, mais cela nous paraît suffire pour bien faire comprendre la description, et nous négligeons cette indication pour les figures suivantes.

PANTALON PLISSÉ, DIT A LA COSAQUE.

Pour trouver l'aplomb de ce pantalon, il est nécessaire de tirer une ligne droite A B (*fig.* 1, *pl.* 3), laissant dans le haut du côté plus ou moins de largeur, selon que l'on veut avoir les plis profonds; la totalité de la largeur du haut doit être près de trois fois celle que l'on veut obtenir; supposons 40 c. de ceinture, pour tirer la ligne A B, on laissera 22 c. dans le haut sur le côté, pour la ligne *c* B, 22 c. cette largeur suffirait et serait même un peu forte si on le faisait à petit pont; mais pour le faire à brayette, il faut augmenter de 10 c. en plus *c g*. Le haut du devant qui reçoit la ceinture doit être abattu, et cette ligne décrire une légère courbe. La brayette est une ouverture pratiquée dans la courbure du devant avec sous-pates pour cacher l'entrée.

Ces pantalons ont une poche verticale suivant la couture du côté et qui se cache par les plis.

Comme nous avons engagé à l'article Mesure de prendre la grosseur du haut de la cuisse du côté où l'individu porte les parties génitales et de le remarquer sur son livret, cette observation sert à éviter les plis qui existent quand on coupe les cuisses égales; voici ce que nous conseillons à cet effet : les deux devans étant coupés égaux, on supprimera la partie $v\,x$ (*fig.* 5, *pl.* 4) sur le côté qui ne doit point recevoir lesdites parties, puis on creusera du point $x\,y$ comme il est indiqué par des points longs.

On marquera par deux coches $z\,v$ l'endroit où l'on placera l'embu qui doit exister par le trop de longueur de l'autre devant, ce qui emboîtera parfaitement lesdites parties.

REDINGOTE.

LE DOS.

Le dos ayant une longueur de 47 c. (*fig.* 2 , *pl.* 3), on lui donnera 16 c. à la demi-carrure, 5 1/2 au haut, 4 dans le bas, 16 pour la largeur de l'épaulette, 5 pour la hauteur de la carrure; avec ces mesures qui, nous le répétons, sont très variables et suivent les tailles et les modes, mais aussi qui peuvent être facilement modifiées, on tracera le dos, comme l'indique la figure citée.

LES BASQUES DE DEVANT.

On prendra au bas du coupon et du côté de la ployure de l'étoffe à une distance de 20 cent. A (*fig.* 2 , *pl.* 3), et l'on tracera la courbe C B , qui sera le bas de la basque et aura un développement de 75 centimètres.

De C en D on marquera la longueur

de 65 centimètres, par exemple, et l'on tracera la ceinture D E, parallèle à celle du bas; elle devra avoir la demi-largeur de la ceinture, moins 4 centimètres, place du dos; il en résulte une autre ligne oblique E B, qui forme le devant des basques du côté de la lisière.

Si l'étoffe n'est pas assez large pour donner tout le développement néces-saire au bas des basques, on ajoutera un morceau O, nommé *château*.

BASQUES DE DERRIÈRE.

Cette partie est de forme variable, et plus ou moins large, suivant l'ampleur que l'on veut donner à la redingote; on conçoit que le côté V doit avoir une obli-quité conforme au côté C D de la basque du devant, auquel il doit être attaché, mais qu'au contraire le côté X doit être droit et tomber d'aplomb au-dessous de la taille.

CORSAGE.

Au milieu de la courbure du haut des basques de devant, on marque une distance de 5 centimètres G, qui est nommé *suçon*, et doit être enlevée ; l'on trace la ceinture du corsage formant aussi une légère courbure de 40 centimètres de développement, compris l'espace destiné à la croisure des revers ; on marque la hauteur du côté 22 centimètres. Du haut du côté, ou bas de l'emmanchure H, on marque en I la largeur du revers, qui sera de 20 centimètres compris la place des garnitures.

On marquera aussi la demi-largeur de la poitrine J.

On se guidera encore avec la demi-grosseur du corps en déduisant la largeur du dos.

On donnera à la hauteur de l'épaulette de L en M, en passant près du devant de l'emmanchure une largeur

8.

égale à celle du dos, 47 c., par exemple.

La largeur du haut du dos étant de 5 c. et celle de la demi-carrure de 16 c., on trouvera le développement de l'épaulette aussi de 16 c.

Pour l'aplomb, on déterminera la place de la pointe de l'épaulette du côté de l'encolure, en prenant le quart de la grosseur du haut du corps, tout compris.

Pour la largeur du revers qui a été mesurée du milieu du haut du dos au bas du revers on déduira la largeur de ce dos et on portera le reste du point E au point M obliquement. Cette mesure déterminera aussi le haut de l'épaulette du point G.

L'encolure de P en Q, sera tracée en ceintre par un rayon de 13 c.

LES MANCHES.

Les mesures que l'on a prises de la longueur du milieu du dos au poignet, 88 c.,

ou du milieu du dos au coude, 54 c., serviront à établir les patrons de manches.

Otant de 88 cent. les 16 c. d'écarrure,
il reste 72 c. pour la longueur totale de
la manche ; on trace le haut du derrière
et du dessus par une ligne droite ; de l'é-
paule au coude, du coude au poignet, on
trace une courbure assez prononcée ;
puis l'on marquera les grosseurs, d'abord
celle du haut de 22 c., celle du coude
17 c., et celle du poignet 12 c. Au-dessous du sommet de l'épaule et sur le devant, on commence la courbure du talon
de l'épaule en R qui redescend un peu
vers S. Du point R au point T, bas de
la manche, on tracera une courbure régulière pour le dedans du bras ; le bas
de la manche sera terminé par une ligne
droite, perpendiculaire sur celle du coude
au poignet. (*Fig. 2, pl. 3.*)

Le dessous de la manche n'offre aucune difficulté, il se trace avec le même
patron que le dessus et n'en diffère que

par la courbure de l'échancrure U.

Il restera, d'après la disposition que nous venons d'indiquer, une partie d'étoffe sans emploi, Y, qui servira aux doublures de revers; et si l'on doit mettre des chanteaux aux basques, on les trouvera dans le vide Z.

Nous parlerons plus loin des collets et des paremens, et nous compléterons notre instruction dans l'article qui traite des *façons*.

Il faut remarquer que les variations si fréquentes des modes apportent peu de modifications à la forme des patrons; pour la longueur et la largeur des revers, par exemple, on conçoit que la partie variable est en dehors du devant de ce patron, et que l'encolure est d'autant plus basse que l'on veut donner de longueur au collet.

Il en est de même des différences qui existent entre les redingotes croisées et celles droites, puisque toutes ces différences portent sur la largeur des devans.

Pour les collets, paremens, pates de poches, saillies des revers, qui varient continuellement suivant les modes, on ne peut établir de règles, mais nous en avons parlé avec quelques détails à l'article *Façon*.

HABIT.

Pour tracer un habit, on prend, à partir du bas du drap, la longueur que l'on doit donner aux basques, soit, par exemple, 55 c. A B. (*Fig. 3, pl. 3.*)

On marquera le pli par une ligne D E éloignée du bord de l'étoffe de 12 c. par le haut et de 4 c. par le bas.

Au point B de la taille, on élève une perpendiculaire B F sur laquelle on marque la demi-largeur de ceinture, 37 c., et, à 3 c. plus haut, on marque un point G que l'on joint à B : cette ligne sera celle du haut de la basque ou du bas du corsage.

Cette ligne G B, qui forme un angle ouvert avec la première A B, détermine l'aplomb de l'habit.

Tout le détail du corsage, des manches, du dos et des basques de derrière est semblable à celui de la redingote que nous avons décrit ci-dessus; les revers seuls offrent des différences variables.

La ligne du pli D E est légèrement arrondie dans sa partie supérieure, de H en E.

Le bas du corsage est assez fortement échancré vers I, tandis que le haut de la basque est faiblement arrondi vers cette échancrure.

Les basques de derrière sont plus étroites que celles de la redingote (*figure* 2), et légèrement courbées sur le derrière.

Le bas des basques est coupé droit J ou oblique vers le devant du K, suivant la mode ou la forme que l'on veut lui donner.

.Il en est de même pour la jonction des basques vers le revers L, qui est ou droit ou arrondi.

La largeur des basques est aussi très variable, elles tombent tantôt droites et tantôt en pointe, mais on conçoit qu'il est impossible d'assigner des règles à ces modifications du goût et du moment.

GILET.

Les mesures du gilet ayant été prises comme nous l'avons indiqué page 73, on opérera pour le tracé, absolument comme il a été dit pour les devans de la redingote, dont il ne diffère que par sa jonction avec le dos qui est droit et placé le long du côté.

Le dos étant tracé par une ligne droite A (*fig.* 4, *pl.* 3), il sera bien facile de tracer toutes les autres parties à l'aide des mesures prises et en y appliquant les instructions que nous avons données à l'article de la Redingote. On remarquera facilement combien les dimensions de l'encolure sont variables suivant la forme du gilet; ainsi, pour un gilet fermé, elle est exactement conforme au diamètre du cou *a*.

Pour un gilet droit ordinaire, elle s'abaisse davantage *b*.

Pour un gilet à schall, elle se prolonge en avant *c*.

Le bas des devans est aussi plus ou moins droit, comme *d*, ou descend en pointe comme *e*.

Pour les collets, les poches, les bouts, etc., il faut voir l'article *Façon*; ces parties n'ayant pas assez d'importance pour modifier sensiblement les principes de la coupe, et étant plutôt subordonnées à la forme générale du vêtement.

Pour les vêtemens larges, tels que le carrick, la capote à collet, etc., on conçoit qu'il y a peu de difficultés, puisqu'ils ne dessinent pas les formes ; aussi nous ne nous étendrons pas sur ce sujet.

MANTEAU.

On marque d'abord, sur une même ligne droite A B, de 2, 97 (*fig.* 5, *pl.* 3), la longueur du devant, de 1 m. 36 c., puis la largeur de l'encolure de 22 c., la longueur du derrière de 1 m. 41 c.

Avec la moitié de la grandeur de l'encolure ou 11 c., on décrit un demi-cercle, sur le centre duquel on élève une perpendiculaire C D, qui sera le côté du manteau et aura 1 m. 45 c.

Pour décrire le bas du manteau B D A, on posera un bout de la mesure sur le bord supérieur de l'encolure E et l'autre au point B, et on fera tourner cette mesure en l'allongeant successivement de manière à décrire une courbe qui passe par le point D ; de ce dernier point on continuera la courbe en diminuant graduellement la mesure pour atteindre le point A. Un peu de pratique suffira pour faire cette opération d'une manière très régulière et très prompte ; on peut cependant tracer le bas du manteau sans tâtonnement en employant la méthode que l'on trouvera décrite au mot *Courbe* du vocabulaire qui termine ce Manuel.

Le même tracé s'applique aux pélerines.

DU TRACÉ GÉOMÉTRIQUE (1).

On a essayé d'adopter des tracés géométriques à la coupe des habillemens (2), mais, comme nous l'avons dit à l'article des Mesures, les formes du corps offrent

---

(1) Voy. dans le Vocabulaire les mots *Lignes*, *Arc*, *Cercle*, *Courbe*, *Intersection*, qui serviront à éclaircir les exemples suivans.

(2) *L'Art du Tailleur*, ou Application de la géométrie à la coupe de l'habillement, par M. Compaing.

de telles variations, qu'il est impossible d'y appliquer des principes rigoureux, et que le coup d'œil du tailleur et une longue habitude, peuvent seuls diriger une coupe convenable. Cependant, cet ouvrage serait incomplet si nous ne traitions pas cette partie, quoiqu'elle ne soit pas adoptée, et qu'elle ne le sera sans doute que beaucoup plus tard, parce que, dans cet état, comme dans beaucoup d'autres, la pratique offre des résultats que ne peuvent résoudre les théories les mieux combinées, et que la plupart des ouvriers n'ont pas les notions nécessaires pour comprendre ce tracé, et se servir des instrumens qui doivent être employés pour l'exécuter.

INSTRUMENS POUR LE TRACÉ GÉOMÉTRIQUE.

Un mètre (*fig.* 1, *pl.* 4) ou une règle en bois plat, de trois pieds onze lignes et demie de longueur, divisé d'abord en dix parties ou décimètres, et chacune de ces parties en dix ou centimètres, sur laquelle on retrouve les dimensions écrites en prenant les mesures.

Une équerre (*fig.* 2 , *pl.* 4) en bois à charnière, ou ajustée avec une vis de pression, de manière à former tous les angles désirables (assez semblable à un pied droit), les branches de cette équerre sont divisées, comme la règle, en centimètres.

Un rapporteur, ou demi-cercle en cuivre (*fig.* 3, *pl.* 4), divisé en 180 parties ou degrés, et qui sert à mesurer ou rapporter les angles.

Un compas en bois, composé de deux branches, de 40 centimètres de longueur et ajustées au sommet par une vis de pression (*fig.* 4 , *pl.* 4). L'une de ces branches A est terminée par une pointe en cuivre ou en acier, et l'autre par un porte-crayon B propre à recevoir un morceau de craie. On peut, au moyen de la vis d'assemblage, fixer l'ouverture de ce compas et tracer des arcs de même diamètre.

TRACÉ DES VÊTEMENS.

En supposant les mesures prises sur un homme bien proportionné de 1 mètre 75 centimètres de hauteur, on pourra procéder au tracé des divers vêtemens en employant les méthodes suivantes, assez indépendantes des variations de la mode, et qui seront facilement modifiées selon les mesures de toutes les tailles, une fois qu'elles auront été prises avec soin.

Pour déterminer une figure, il faut toujours commencer par tracer la plus grande ligne droite qui s'y trouve, et s'appuyer dessus pour tracer toutes les autres parties. Ainsi, par exemple, pour couper un pantalon, on prendra pour ligne d'appui la couture du côté; pour un dos d'habit le pli du milieu, etc. Les difficultés ne naissent que lorsque les figures ne présentent que des lignes courbes, comme les devans de gilets.

Nous ferons comprendre l'usage que l'on peut faire de la règle pour tracer les parties droites, du compas pour tracer les parties courbes, et de l'équerre pour déterminer les ouvertures des angles, par des exemples sur chaque partie de l'habillement.

PANTALON.

Pour tracer un pantalon, on commencera par placer l'étoffe de manière que le haut soit à gauche, le bas à droite en suivant le sens du poil; au bas du coupon on marque la largeur que doit avoir le rempli du bas, puis, on marquera la hauteur totale du côté extérieur (*fig.* 5, *pl.* 4); de A en B, qui aura 1 m. 10 c. du point B et avec l'équerre on tracera la ligne B C de 30 centimètres de longueur; on marquera sur cette ligne un point D à 20 centimètres du point B, qui sera le sommet de l'angle du pont, la même longueur (20 c.) servira à déterminer la largeur du bas de la jambe, de A en E et l'on joindra par une ligne le point D avec le point E.

Du point E on marquera le point F à 85 centimètres, et par le dernier point on tirera la ligne d'entre-jambe F G.

Du point G, on marquera le point H à 30 centimètres, pour avoir la largeur de l'entre-jambe.

Du point B, on marquera I à 24 centimètres pour déterminer la place de l'échancrure du pont en J, aussi à 24 centimètres.

Prenant de B, 20 centimètres sur la

ligne B C, on aura le point D, que l'on joindra par une ligne à J, on joindra pareillement C H.

On tracera ensuite ce que l'on doit ôter sur le côté du pont et sur le côté du genou, ensuite on décrit l'entre-jambe et la couture du pont, qui devient courbe à la pointe de l'entre-jambe.

Cette courbe peut être tracée avec le compas et un rayon de 8 à 9 centimètres; pour en avoir le centre, on place la pointe sèche du compas sur le point H, et l'on trace un arc indéterminé; on reporte cette pointe au point J, et avec la même ouverture de compas, on décrit un autre arc qui coupe le premier en L, qui servira de centre pour faire passer la courbe par les points J et H.

Les devans étant ainsi coupés, on les place sur la partie d'étoffe destinée à former les derrières, on recoupe de même l'entre-jambe, le bas et une partie du côté. Pour déterminer la partie supérieure, on place la pointe sèche du compas sur le point H ou pointe de l'entre-jambe; on ouvre de manière à placer le crayon un peu au-dessus du point B, et l'on trace l'arc B M qui indique le haut du derrière ou hausse : on ne peut tracer qu'à vue la courbe M H, qui formera la couture du milieu.

Il résulte des opérations ci-dessus, que le haut de la figure forme deux carrés, B, D, J, I et B, C, H, G. La couture du pont est alignée avec celle d'entre-jambe, au point du genou.

On conçoit facilement combien la combinaison des angles et des longueurs doit varier suivant le maintien et la corpulence des individus, pour éviter que l'entre-jambe remonte trop vers la fourche, que le pont, trop abattu sur le haut du devant, fasse retomber toute l'ampleur dans la fourche, et que le derrière peu courbé ne devienne trop court, etc. De là, la nécessité de rapporter fidèlement les mesures prises, ce qui tend, comme on le voit, à détruire les principes établis par l'exemple que nous venons de donner, et à diminuer l'utilité des tracés réguliers.

TRACÉ D'UNE REDINGOTE.

Pour la coupe d'une redingote, on doit d'abord tracer la longueur du pan à partir du bas du coupon, de A en B (*fig.* 6, *pl.* 4); on détermine la grandeur du cran C, puis la longueur de la taille, o m. 48 c., et on trace la couture du milieu.

En plaçant le sommet de l'équerre au point D, on tracera la largeur du haut de la carrure, de o m. 12 c., puis, au point E, le bas de la carrure o, 15 c., du point F, la largeur du haut du dos de o m. 06 c. La largeur du bas de la taille de o m. 04 c. de C en G.

Pour former l'épaulette, on se servira

du compas, posant la pointe sèche en H;
on tracera, avec un rayon, d'environ
25 c. un arc de cercle indéterminé,
vers J, avec la même ouverture et
du point J, on tracera un autre arc
qui coupe le premier, et sur le point
d'intersection on reportera la pointe du
compas, et l'on tracera la courbe H J,
qui sera l'épaulette demandée.

Ouvrant le compas de 0 m. 40 c., et
plaçant la pointe sèche sur le point K,
on tirera, vers le point L, un arc indéterminé, et du point G, avec la même
ouverture, un autre arc qui coupe le
premier, du point L et toujours avec la
même ouverture, on décrira la courbe
K G qui sera le côté du dos.

La forme de la basque est trop variable pour en donner des détails positifs;
comme pour ce qui précède, on se servira des mesures prises pour en former
la tracé qui s'assujettira encore à la mode
que l'on aura adoptée.

Pour tracer le devant de la redingote, on commencera encore par le bas, en marquant de M en N (*fig.* 7, *pl.* 44) la longueur des basques, que l'on aura prise sur l'individu que l'on doit habiller.

A 5 ou 6 centimètres au-dessus du point N, on marque le point O; on y place le sommet de l'équerre et on trace la ligne O P.

Du point N on marque à 6 centimètres, le point R, et on joint celui-ci à M : cette ligne indique le rempli que l'on donne ordinairement à la basque.

Au-dessus de R, on place le point Q sur la ligne O P, et sur ce dernier point on élève la perpendiculaire Q S de 5o centimètres de hauteur. Reportant le sommet de l'équerre en S, on trace S T de 3 2 centimètres de longueur.

De 5 à 1o centimètres, on place U sur S T, qui indique le côté de l'encolure.

Du même point S, 17 centimètres

pour le devant de l'emmanchure, 25 centimètres pour la pointe de l'épaulette V, et le bas dessous de l'emmanchure W.

Encore du point S, et à 3o centimètres vers T, on aura X-X', qui déterminera la place des pointes du haut et du bas du côté.

Enfin, à 34 centimètres de S on aura T-T¹, qui donnera la largeur du côté.

Maintenant à 10 centimètres au-dessus de S sur la ligne S, Q, on marquera Y pour avoir la hauteur de l'encolure.

A 19 cent. au-dessous de la même ligne S T, on aura Z, pour le devant de l'emmanchure et la pointe du côté Z'.

A 25 centimètres au-dessus de la ligne S T, on aura près de W le dessous de l'emmanchure, tous les points ainsi déterminés, et toutes les lignes tracées comme l'indiquent les lignes pointillées de la fig. 7. On tracera au compas les parties courbes.

Pour l'encolure, on place d'abord la pointe du compas au point S, et l'on trace une partie de la courbe de U en *a*; pour le reste on obtient un centre en traçant deux arcs de cercles de *a* Y, avec une ouverture de compas de 20 c. (1).

On trace l'épaulette avec une ouverture de compas de o m. 25 c., en plaçant le compas sur l'intersection obtenue des points U et V.

Le devant de l'emmanchure est obtenu avec une ouverture de compas de 18 centimètres, placé successivement en V et en Z, et qui donne une intersection ou centre en V Z.

Le dessous avec une ouverture de 6 centimètres, et le côté avec une ouverture de 6 centimètres.

---

(1) Pour éviter des répétitions continuelles, *voyez*, dans le Vocabulaire qui termine le volume, le mot *Courbe*, pour avoir la manière de faire une courbe quelconque pour deux ou trois points connus.

Le haut de la couture du côté de Z' en T', avec une ouverture de o m. 15 c., et le reste de T' en X' avec un rayon de o m. 75 c.

Le bas du corsage, de Q en X' avec un rayon de 40 centimètres, et le bord du revers avec un rayon de 80 centimètres.

Le haut de la basque sera aussi creusé de R en P, avec un rayon de o m. 40 c.; et le bas sera parallèle de M en K.

Le devant de la basque est droit, le derrière est coupé en biais.

Le devant du corsage a une saillie, et une courbe qui dépendent de la grosseur du corps et de la forme que l'on veut donner au vêtement.

COUPE DES MANCHES.

Plaçant le sommet de l'équerre sur le point A (*fig.* 8, *pl.* 4), haut du drap, on trace la ligne A B et on place le point C à 8 centimètres de A; il indiquera le point le plus élevé du derrière.

De A à D, 12 centimètres pour le bas du côté.

De A à E 16 centimètres pour la largeur du coude; et enfin les 22 centimètres de A à B, pour la largeur totale des manches, sans les échancrures.

Les lignes de largeur étant tracées parallélement avec la règle, on marquera les longueurs, ainsi qu'il suit :

De B en K, 3 centimètres pour le talon de la manche;

De B en G, 12 centimètres pour le haut du devant;

De B en H, 48 centimètres pour le haut du coude;

De B en J, 70 centimètres pour la hauteur totale de la manche.

Toutes les lignes étant ainsi tracées, et présentant un parallélogramme subdivisé par des lignes perpendiculaires les unes aux autres, on s'occupera des courbes, procédant comme ci-dessus par des intersections d'arcs : ainsi, le *talon* par une courbe passant par les points C et K, et tracé avec une ouverture de compas de o m. 13 c.

Le haut du devant, passant par les points C G, avec une ouverture de compas de o m. 18 c.; le devant du bras, de G en I, avec une ouverture de compas de o m. 72 c.; enfin, de dessous de l'avant-bras de L en M, avec la même ouverture de o m. 72 c.

Pour obtenir plus de régularité et de facilité pour le tracé de cette figure et pour celui de tous les autres vêtemens, il est bon de commencer d'abord, par tracer le plus long côté du parallélogramme. Ainsi, par exemple, A N de la fig. 8; puis, un des petits côtés, soit A B et B I; parallélement au premier A N, et enfin N I; parallélement au second A B. Il sera fort aisé de tracer dans cette figure régulière les lignes parallèles aux côtés, et dont les intersections déterminent les points par où doivent passer les coupes.

Dans les opérations ci-dessus, on a obtenu les droites perpendiculaires avec l'équerre et la règle, et les courbes avec le compas; mais, il y a des lignes obliques dont on ne peut déterminer la direction qu'à l'aide de la fausse équerre ou du rapporteur.

Ainsi, par exemple, pour avoir la direction du derrière de la redingote P & (*fig.* 7), on pose le centre du rapporteur (1) au point P, son diamètre sur la ligne P O, et l'on compte sur son modèle, ou sur un calcul fait le nombre de degrés que forme la ligne O P avec la ligne P &. On reporte cette ouverture sur l'étoffe pour y avoir un angle semblable. On peut, et cela est plus expéditif, obtenir l'ouverture d'un

____

(1) *Voyez* dans le Vocabulaire la forme et l'usage du rapporteur.

angle avec la fausse équerre, plaçant une de ces branches sur O P , le sommet en P , et ouvrant l'autre de manière à lui faire prendre la direction de P &. On serre la vis et on reporte l'équerre dans la même position sur le drap : il sert alors à tracer la ligne P &.

Il faut bien peu de pratique pour se servir aisément et avec succès de ces instrumens, et un peu d'exercice en fera mieux connaître les usages à ceux pour lesquels ils sont étrangers que toutes les explications que nous pourrions donner ici.

COUPE D'UN HABIT.

Pour tracer le devant (*fig. 9, pl. 4*), on prend son point de départ au bas du drap, on indique la longueur de la basque, 50 à 58 c., sur le bord du drap, soit par exemple A B, en dedans; on tire une ligne C D, qui formera le pli, et sera éloignée de la première de 8 c. par le haut et de 4 c. par le bas.

On ouvre la fausse équerre sur un angle de 100 degrés, et plaçant le sommet au point B et une branche sur D C, on tracera D E avec l'autre branche, qui sera le haut de la basque et le bas du corsage; on prendra 52 c. de D vers E, et au point E on élevera la perpendiculaire E F; on donnera à cette dernière 50 ou 53 c. Une autre ligne, aussi à angle droit, sera tirée du point F vers G et marquera la hauteur du corsage.

Joignant maintenant G D par une ligne parallèle à F E, on aura le parallélogramme D E F G dans lequel on tracera comme il suit les lignes de hauteur et de largeur du corsage.

Prendre 10 c. de F en *a* pour le côté de l'encolure;

16 c. de F en *b* pour le devant de l'emmanchure;

25 c. de F en *c* pour la pointe de l'épaulette;

3o c. de F en G pour la pointe du côté;

35 c. de F en *d* pour la largeur du côté.

On tirera les lignes *a a*, *b b*, *c c*, etc., parallèles à F E et à G D; sur les lignes on marque les hauteurs, à partir de la ligne F G, savoir :

1o c. de F en *d* pour la hauteur de l'encolure;

18 c. de F en *f* pour le devant de l'emmanchure et la pointe du côté;

24 c. de F en *g* pour le dessous de l'emmanchure; la longueur F E de 58 c. sera la hauteur du devant.

Par tous ces points, *e f g*, on mène des parallèles à F G, et les intersections de ces lignes avec les premières donneront tous les points de la coupe.

On s'occupera ensuite des courbes, pour celle de l'encolure, passant par les points *a d*, on prendra un rayon de o m. 10 c. ou le point F pour centre.

Pour l'épaulette *a i* un rayon de 24 c.; pour le devant de l'emmanchure un rayon de 18 c.; pour le bas de l'emmanchure de *b* vers *k* un rayon de 10 c.

Le haut du côté, de *k* en *h*, avec un rayon de 15 c. et le reste de *h* en D, avec un rayon de 74 c., ce qui forme l'échancrure de la hanche.

On trace aussi une échancrure au bas du corsage de D en E, et une courbe en saillie, mais avec un plus grand rayon, au haut de la basque, et aussi de D en E; mais cet ajustement avec la basque varie beaucoup, suivant la forme et la grosseur des hanches et le plus ou moins grand degré de cambrure du corps.

Le bord du revers reçoit aussi une courbure de E en *d*, mais cette courbure est plus ou moins prononcée, suivant la forme que l'on veut lui donner ou la mode que l'on veut suivre.

Ce que nous avons dit pour la construction du derrière de la redingote s'adapte, à peu de chose près, au derrière de l'habit, que nous nous sommes bornés à représenter figure 10.

COUPE D'UN GILET.

Dans les gilets, la coupe du bord du devant est seule sujette aux variations de la mode, les autres différences dépendent de la grandeur et de la grosseur du corps.

On peut toujours tirer d'un carré long le patron d'un gilet.

POUR LES DEVANS.

La ligne A B (*fig.* 11, *pl.* 4), étant égale à la hauteur du devant du gilet, soit 55 c., on tracera avec l'équerre une perpendiculaire sur A vers C, à 25 c. au-dessous C D, parallèle à A B, et on ter-

minera le carré proportionnel par le côté
D B parallèle à A C.

Sur la ligne A B, et à partir du point
A, on place les mesures de hauteurs, savoir :

De A à *a*, 10 c. pour le haut de l'encolure ;

De A en *b*, 18 c. pour le devant de l'emmanchure ;

De A à *c*, 25 c. pour le dessous de l'emmanchure ;

55 c. pour la hauteur totale du devant.

Passant ensuite aux largeurs, on prendra, sur la ligne A C et à partir du point A :

De A à *d*, 11 c. pour le côté de l'encolure ;

De A à *e*, 16 c. pour le devant de l'emmanchure ;

De A à C, comme il a été dit, 25 c. pour le côté.

Traçant des lignes parallèles aux côtés
du carré, et par tous les points qui vien-

nent d'être indiqués, on aura les inter-sections utiles à la coupe, et il ne restera à tracer que les courbes.

Avec un rayon de 70 ou de 75 c. on décrit de a en B, le bord du devant du gilet.

Avec un rayon de 11 c. la partie su-périeur de l'encolure, et le reste avec un rayon de 10 c.

Une ouverture de 0,24 c. servira à tracer l'épaulette de d en f.

Le haut du devant des emmanchures sera décrit avec une ouverture de com-pas de 16 c. de f en g, et le bas de g en h avec une ouverture de 8 c.

Le point I est déterminé par la pointe que l'on veut donner au bas du devant B.

Du point B au point I on donne le quart de la grosseur de la ceinture et l'on joint ces deux points par une courbe qui varie de 35 à 45 c.

LE DOS.

Le dos peut être aussi tiré d'un paral-lélogramme A B C D (*fig.* 12, *pl.* 4), que forme l'étoffe ployée en double, et ayant 5o c. de hauteur et 24 de largeur.

Du point A et vers C on marque a à 10 c. la hauteur du haut de l'emman-chure;

De A à b, 16 c. pour le côté de l'em-manchure.

De A à c, 24 c. pour le bas de l'em-manchure.

Sur la ligne A B on marque les lar-geurs, savoir :

De A à d, 6 c. pour le bas du collet;

De A à e, 16 c. pour la carrure.

On décrit l'épaulette de a à e avec une ouverture de compas de 20 à 25 c.

On décrit de même avec un rayon de 8 c. le bas de l'emmanchure de b en f, et l'ont joint a et d par une ligne droite.

Marquant du point C vers D, le quart

du développement de la ceinture qui se trouve en g, et on joint fg par une droite.

Les dimensions que nous venons de donner supposent que la largeur de l'étoffe peut former la longueur de la moitié de la ceinture, mais souvent cette étoffe est plus étroite, et il faut alors prendre ce qui manque sur la largeur du dos, qui devient ainsi plus considérable que celle du devant.

Les exemples que nous venons de donner, ne sont applicables, comme nous l'avons dit, qu'à un individu bien fait, de 1 m. 75 c. de hauteur, les dimensions de toutes les parties du vêtement doivent donc varier proportionnellement à celles du corps qu'il doit recouvrir. L'on peut déterminer les variations par des moyens graphiques, soit que les tailles soient plus grandes ou plus petites que celle qui nous a servi de base pour le tracé de patrons.

ANGLE DE RÉDUCTION.

Soit, par exemple, un pantalon que l'on doit tailler, mais dont la hauteur du côté soit 95 c. au lieu de 110 que porte le côté de celui que nous avons tracé figure 5.

On tracera une droite A B (*fig.* 13, *pl.* 4) indéterminée, du point A et avec une ouverture de compas de 110 c. (1), on décrit un arc indéterminé C D. Du point C, avec une ouverture de compas de 95 c., on décrit un arc qui coupe le premier en un point E, et l'on tire la ligne A E. On aura par cette opération A C égal au côté du patron déterminé pour une hauteur de 110 c. et C E de la longueur de 95 c., ou égal à la hauteur du nouveau patron que l'on veut tracer. L'angle E A C servira donc de proportion

---

(1) Si le compas n'est pas assez grand, on le remplacera par un cordeau fixé à l'une de ses extrémités.

entre les deux hauteurs et toutes les autres dimensions que l'on trouvera facilement de la manière suivante :

Ouvrant le compas de G en H (*fig.* 5) de 3o c., on posera la pointe sur le sommet A de l'angle de réduction, et on décrira l'arc M N, la ligne M N sera la longueur cherchée. On opérera de même pour toutes les autres dimensions.

Pour le tracé de l'habit, on pourra prendre pour base de l'angle la longueur de la moitié de la ceinture E D (*fig.* 9), et pour l'ouverture celle de la ceinture dont on aura pris mesure sur le corps que l'on doit habiller.

Ainsi, en règle générale, on donnera toujours à la ligne A B une longueur connue du modèle et à l'arc C E la longueur de la même partie, d'après les mesures prises pour l'habit que l'on veut faire.

EQUERRE MOBILE.

On peut remplacer l'angle de réduction que nous venons d'indiquer par l'é-
querre à charnière, dont les branches
sont divisées en centimètres. Ainsi, supposant la demi-grosseur de la taille d'un
habit fait de 42 c. et celle de l'habit à
faire de 38 c.

On mettra le bout *o* de la mesure mé-
trique sur le point 42 d'une branche de
l'équerre, et on ouvrira l'instrument
jusqu'à ce que le point 38 de cette mesure se trouve sur le point 42 de l'autre
branche, la proportion se trouve ainsi
établie.

Prenant ensuite successivement toutes
les mesures du modèle et les reportant
de même sur l'équerre, du point A le
long de l'une des branches, soit par une
longueur de 25 c., on prendra la distance
qui sépare le point 25 (*fig.* 2) de cette
branche au point 25 de l'autre, et cette

distance sera la longueur cherchée.

Cette dernière méthode est plus expéditive que celle du compas et demande moins d'apprêt et d'opérations; elle peut s'appliquer directement sur le nouveau patron ou sur l'étoffe même.

ÉCHELLE DE RÉDUCTION.

On peut encore remplacer l'angle de réduction et l'équerre mobile par une échelle de réduction, qui a l'avantage de présenter des constructions toutes faites.

Voilà comment *M. Compaing*, auteur de l'*Art du Tailleur*, ou Application de la géométrie à la coupe de l'habillement, décrit cette échelle :

« Elle contient toutes les demi-gros-
« seurs du haut du corps, depuis 24 c.
« jusqu'à 54 (*fig.* 14, *pl.* 1); ces mesures
« sont toutes placées dans un sens parallèle
« et à des distances égales, toutes ces

« mesures parallèles se trouvent divisées
« en 48 parties par des lignes obliques,
« tellement que lorsqu'on veut tracer une
« taille plus petite ou plus grande que
« notre modèle, il suffit de plier la feuille
« sur le chiffre produit par sa demi-gros-
« seur, après quoi l'on marque les quan-
« tités telles que nous les indiquerons
« sur les dessins. Il résulte de cette opé-
« ration que les mesures étant divisées
« d'avance en une même quantité de
« points, ce sont toujours ces mêmes
« quantités que l'on marque, mais elles
« sont réduites, et par conséquent pro-
« portionnées à la grandeur des tailles
« que l'on veut exécuter.

« Pour se faire une idée de la gradua-
« tion que l'on obtient par le procédé
« de l'échelle de réduction que nous ve-
« nons de décrire, il suffit d'examiner
« les fig. 1, 2 et 3, pl. 5; elles sont gra-
« duées dans l'ordre suivant : La fig. 1ʳᵉ
« est le corsage d'une grosseur de 42 c.;

« la fig. 2 est le corsage d'une figure de
« 48, et la fig. 3 est le corsage d'une
« grosseur de 56 .... Les demi-gros-
« seurs étant divisées par une quantité
« de points, il en résulte que les figures
« sont toutes numerotées par les mêmes
« chiffres. »

RÉSUMÉ DU TRACÉ DE TOUTES LES TAILLES.

« Pour tracer les uniformes, les habits de ville, les redingotes ou les gilets,
on doit commencer par relever les dimensions dans l'ordre indiqué à l'article
des *Mesures*; alors on compare la demi-
grosseur de la poitrine sur l'échelle de
réduction, et si cette mesure produit,
supposons 46 c., on plie l'échelle sur la
ligne marquée par ce chiffre, et ensuite,
avec l'équerre, on trace les lignes d'a-
près les quantités représentées sur nos
dessins, en se servant de l'échelle pour

marquer les distances, ainsi que les ouvertures ducompas.

« De cette manière, après que l'on a
tracé les modèles dans les proportions
indiquées, on les vérifie avec les mesures
prises sur la personne, en commençant
par la longueur de la taille du dos, la
hauteur et la largeur de la carrure,
celle du haut de la taille; on vérifie ensuite les mesures du corps en commençant par la longueur du côté, la largeur
de la poitrine, celle de l'épaulette, la
longueur du devant, en y comprenant
la largeur du haut du dos, la longueur du
revers, celle du collet, la grandeur de
l'emmanchure avec la grosseur de l'é-
paule, la grosseur de la poitrine, ensuite
la grosseur de la ceinture. »

TRACÉ D'UN MANTEAU.

On tracera d'abord une ligne A B (*fig.* 4, *pl.* 5), qui sera le côté du manteau, et on aura 1 m. 42 c., ou 1 m. 47 c.

Sur une ligne perpendiculaire à A B, et du point A comme centre, on décrira l'encolure avec un rayon de 20 cent.; on donnera au devant A C, 1 m. 48 c. et au derrière A D, 1 m. 37 c.

Il faudra maintenant faire passer une courbe par les points C B D; on en trouvera le centre par l'opération suivante :

Joindre par des lignes droites les points B D et B C, élever avec l'équerre une perpendiculaire sur le milieu de B D, et une autre sur le milieu de B C, l'intersection E de ces deux perpendiculaires sera le centre cherché.

La même méthode doit suivre pour les collets de carricks et pour les pèlerines.

M. Compaing pense qu'il est aisé de juger des changemens à faire quand les tailles que l'on doit revêtir ne sont pas proportionnées, soit que les personnes se trouvent plus courtes de taille, plus ou moins courbées, voûtées ou penchées de côté; nous ne croyons pas comme lui, que ces variations ne déroutent pas la marche méthodique, et nous sommes persuadés que la pratique et un œil exercé et juste vaincront mieux toutes ces difficultés que les calculs ou les tâtonnemens qui résultent du point de départ d'une taille bien proportionnée.

Nous espérons que ce qui précède suffira pour bien faire comprendre la coupe des habits, ce que l'on doit entendre par tracé géométrique, et guidera suffisamment pour la pratique de toutes les opérations qui s'y rattachent; nous joindrons à cette instruction une série d'exemples de patrons, pour différentes

formes de vêtemens, et pour ceux destinés à recouvrir des tailles exception-
nelles, ou des difformités plus ou moins
prononcées.

Les mesures indiquées dans les exemples suivans sont supposées prises sur
un individu bien proportionné; on conçoit qu'elles doivent varier suivant la
hauteur des tailles et la force des membres, qui seront à cet effet relevées avec
soin sur la nature même.

Nous aurions pu multiplier beaucoup
les exemples de patrons tracés, soit par
les méthodes ordinaires, soit par des
procédés géométriques; mais ceux que
nous avons présentés suffisent pour indiquer la marche convenable à appliquer dans les deux cas. Un peu de raisonnement et de pratique, mettront
facilement à même de modifier ces
principes pour les différentes tailles bien
proportionnées; mais il restera toujours
à vaincre les défauts de conformation;

nous en dirons quelques mots dans l'article suivant.

UNIFORMES MILITAIRES.

La coupe des uniformes n'offre pas de difficultés bien grandes, elle exige beaucoup de précision dans les mesures, pour que toutes les parties du corsage soient bien collées sur les muscles, ne forment pas de plis désagréables, et cependant ne gênent en rien les mouvemens.

L'encolure est entièrement ronde, et porte un collet droit qui enveloppe exactement le cou.

Les basques sont très dégagées du devant et se terminent plus ou moins en pointes; la façon des uniformes a été considérablement perfectionnée depuis quelques années, et demande beaucoup de soin (1).

---

(1) *Voyez* l'article Façon et le tableau des uniformes français.

Les manches sont plus étroites, et les talons moins froncés que dans les fracs ordinaires.

Pour l'ajustement, la taille est de niveau avec le bas-ventre. (*Voyez* la figure 5, pl. 5.)

La plupart des costumes civils, tels que ceux des députés, des ingénieurs des ponts et chaussées, etc., ont un corsage semblable à celui des uniformes, mais les basques sont comme celles de l'habit ordinaire, c'est-à-dire sans retroussis. (*Fig.* 6, *pl.* 5.)

L'habit-habillé, dit français ou de cour, est encore droit du col, plus ample que le précédent; les pates sont à trois pointes; le devant, sans revers, est seulement un peu courbé en avant et sans échancrure, les basques sont larges et légèrement arrondies du bas.

Les manches sont fermées et à bottes. (*Fig.* 7, *pl.* 5.)

Nous ne croyons pas utile de donner des

exemples de la redingote et de la veste de chasse, de la veste ronde, etc., etc.; tous ces vêtemens sont des modifications de l'habit ordinaire, et il sera facile de les combiner avec son patron.

Il ne nous reste plus qu'à parler de quelques coupes particulières, comme par exemple, de la manche à la mameluck, faite d'un seul morceau et avec une seule couture. (*Fig.* 2, *pl.* 6.)

La manche dite à gigot, très large du haut, droite et étroite au poignet. (*Figure* 3, *pl.* 6.)

Le patron (*fig.* 4, *pl.* 6) est celui d'un gilet à col de redingote, à devans pointus.

Pour tous les accessoires, nous les traiterons à l'article Façon, parce que le *coupeur* ne fait que les ébaucher, et que *l'apiéceur* les façonne et les termine (1).

---

(1) *Voyez* dans le Vocabulaire les mots *Collets, Paremens, Pates, Bouts*, etc., etc.

Exceptions.

Nous avons donné les règles à suivre pour le tracé et la coupe des vêtemens, soit par les procédés ordinaires, soit par les moyens géométriques, destinés à des individus de différentes tailles, mais toujours assez bien proportionnés, et ne variant que par des habitudes de corps ou des formes plus ou moins prononcées des muscles; nous avons dit que le coup d'œil exercé du tailleur était préférable, pour saisir ces variations, aux calculs les plus compliqués; nous devons mentionner maintenant les exeptions et les difformités qui présentent souvent des difficultés à vaincre.

Un des cas qui se présente le plus fréquemment est celui des grosses tailles, qui ne sont pas du tout en rapport avec le reste du corps. Alors les mesures de hauteur sont souvent moindres, tandis que celles des largeurs sont très forcées.

Un homme droit, aussi gros à la ceinture qu'au haut du corps, exige une taille plus courte, des emmanchures plus larges, peu de cambrure, un pli plus droit, le bas du revers allongé et élargi.

Si, au contraire, on veut recouvrir un corps très maigre, allongé et voûté, on devra nécessairement former un dos long et une carrure large, des emmanchures basses, ainsi que l'encolure, le devant étroit de poitrine et court de l'épaulette; le pli aura une faible pente.

L'habit d'un individu penché de côté doit être d'abord traité comme pour un corps bien proportionné; on opérera ensuite les changemens utiles à l'aide des mesures extraordinaires que l'on aura prises. Ainsi, le dos ne sera pas composé de deux parties égales : un côté sera creusé vers la couture tandis que l'autre sera arrondi : ce dernier portera une épaulette plus courte, l'autre épaulette sera allongée en proportion.

Les pointes du côté de l'emmanchure et celles de l'épaulette doivent se joindre parfaitement au dos, c'est-à-dire qu'une des pointes du côté doit être plus basse que l'autre, et qu'une épaulette doit aussi être plus courte et plus abattue que l'autre.

On conçoit combien ces difformités sont variables et communes, et qu'il est impossible de les classer et de les soumettre à aucune règle : c'est donc à l'habitude seule qu'il appartient de les apprécier et de les couvrir convenablement en les corrigeant autant que possible.

Nous donnerons quelques exemples pour mieux faire comprendre ce que nous venons de dire.

La fig. 8, pl. 5, habit pour un homme long, et voûté.

La fig. 9 est le corsage pour un

homme fortement penché de côté ; les parties des côtés et du dos ne sont pas parallèles.

La fig. 1, pl. 6, est le patron du corsage de l'habit d'un bossu.

Nous croyons inutile de multiplier davantage ces sortes de coupes; on parviendra avec un peu de raisonnement, à modifier assez facilement un patron bien proportionné, de manière à lui faire prendre les formes les plus bizarres.

VÊTEMENS D'ENFANS.

Les corps d'enfans ne sont pas une réduction exacte de ceux des hommes faits; ils ont les membres plus gros, relativement à la hauteur, et demandent à être couverts avec des vêtemens de formes dégagées qui corrigent la lourdeur naturelle.

En général, les hauteurs sont courtes et les largeurs plus considérables.

Nous nous bornerons à donner ici pour exemples :

Un pantalon a plis. (*Fig.* 10, *pl.* 5.)

Un gilet. (*Fig.* 11.)

Un spencer. (*Fig.* 12.)

En comparant ces modèles avec ceux qui précédent, on comprendra la nature des différences applicables aux vêtemens d'enfans, qui sont de formes très variables et assujettis aux modes.

Tous les tailleurs ne réussissent pas à bien habiller les enfans; c'est, pour ainsi dire, une partie à part et qui demande une étude particulière.

VÊTEMENS DE DAMES.

Les seuls vêtemens de dames qui sont du ressort du tailleur sont: *L'amazone,* le *manteau* et la *pelisse.*

L'amazone, ou costume pour monter à cheval, se compose d'un spencer à petites basques, de formes très variables, mais qui peut toujours être coupée d'après les principes que nous avons indiqués pour le corsage d'habit; d'une jupe très longue et ample ayant une queue très grande et pouvant se relever jusque sous le bras.

Cet habit, qui peut se faire avec toute sorte d'étoffes, suivant les saisons, est simple ou orné de chamarrures.

MANTEAU TAILLÉ EN PELISSE.

Nous présentons en petit, sur la figure 5, pl. 6, le patron d'un manteau pelisse, composé de quatre morceaux : A devant, B côté, ou partie des épaules, C derrière. Nous avons indiqué les longueurs et largeurs pour une taille de cinq pieds.

La pelisse simple a, par derrière, un capuchon.

Le manteau est surmonté d'une pèlerine plus ou moins longue, dont le tracé est semblable, quoique plus petit, à celui du manteau. On porte un simple collet comme ceux des manteaux d'hommes.

FAÇON.

On entend par *la façon*, l'assemblage des différens morceaux qui composent un vêtement, leur couture, l'ouverture et le bordage des boutonnières, la pose des doublures et des boutons, la confection de toutes les parties accessoires.

Le tailleur qui coupe ne se charge pas le plus ordinairement de la façon, et cette façon est elle-même divisée en plusieurs parties. Ainsi, il y a des ouvriers ou des ouvrières, qui ne font que des pantalons, d'autres des gilets.

Les culottiers ou les giletiers coupent eux-mêmes les accessoires ou doublures : comme les poches, les pates, les bouts, etc., qu'ils ajustent et qu'ils posent.

Il y a un ordre à suivre pour la confection de chaque vêtement.

Lorsque l'on commence une *pièce*, on doit d'abord préparer entièrement toutes ses parties, s'assurer si rien ne manque, ce qui évite des tâtonnemens et des pertes de temps, et ce qui facilite aussi à mettre plus d'ensemble dans le travail; il faut, en général, s'abstenir, autant que possible, de quitter et de reprendre souvent son ouvrage. Nous devons recommander particulièrement ces détails, qui peuvent paraître oiseux, et qui cependant procurent un avantage réel à ceux qui s'y soumettent.

Nous donnerons tous les détails possibles sur la façon d'une première pièce, un pantalon, par exemple, et nous nous dispenserons ensuite de faire des répétitions inutiles, puisqu'une partie des mêmes travaux se retrouve sur tous les vêtemens.

DU PANTALON.

Pour confectionner un pantalon, on prépare d'abord les morceaux et on les appointe ou les attache provisoirement. On fait ensuite toutes les petites pièces, telles que goussets, ceintures, sous-ponts, et dessous de pieds. Puis enfin le pont, les boutonnières (1), etc., on assemble le tout, on unit l'ouvrage, et on attache les boutons qui ont été faits à l'avance.

DES CEINTURES.

La ceinture de droite est celle qui reçoit le gousset de montre; on doit avoir soin de le placer le plus près possible du bord supérieur, de manière que le bouton du pont ne se trouve pas dans sa

____

(1) *Voyez* les articles *Boutons*, *Boutonnières*, etc.

direction; car, celui de la bretelle devant se placer en face, il en résulterait un tiraillement qui le ferait bâiller et produirait un très mauvais effet.

On doit placer un canevas dans toute la longueur de la ceinture; sur la partie de gauche on ne pratique ordinairement pas de gousset de montre, mais on y ouvre les boutonnières de devant, qui sont le plus souvent au nombre de trois, celle du centre est destinée à recevoir le milieu du pont; elles doivent être placées à environ un centimètre des bords de la ceinture.

DU GOUSSET.

Le gousset doit être placé à trois centimètres au-dessous du bord supérieur de la ceinture; et, comme nous l'avons dit, sur le côté droit. L'ouverture ou pate aura une longueur de huit centimètres; on donne quatorze centimètres de profondeur au gousset de toile : une profondeur moindre aurait l'inconvénient de ne pas retenir convenablement les objets qui y seraient déposés.

Pour faire le gousset, on doit commencer par coudre la pate sur la ceinture ; on fait ensuite l'ouverture ; sans cette précaution, on risque de la faire emboire ; on pratique une boutonnière verticale sur la pate ; lorsque tout cela est terminé, on fait les replis, les doublures et les rabattures. (*Voyez* des Modèles de gousset, *fig.* 6, *pl.* 6.)

DU PONT.

Le pantalon à petit pont exige plus de soin et offre plus de difficulté que celui à grand pont. La plupart des ouvriers placent mal les boutons, et cousent sur les pates et non sur le devant comme ils devraient le faire ; ils ne font pas attention que souvent le pont est creusé

et que les pates doivent alors être arrondies, et même plus que le pont n'est
creusé afin de le faire tendre. On s'appliquera à le placer de manière à ce
qu'il ne produise aucun pli, à ce qu'il
ne fasse aucune grimace ou ouverture
désagréable.

On doit donc coudre toujours sur le
devant pour obtenir un bon résultat.

Le dessous du pont doit être cousu
bien régulièrement, et avoir environ
un centimètre en plus de largeur, afin
qu'en faisant les boutonnières et en plaçant les boutons, le pont ne soit pas
déformé et tombe bien d'aplomb.

Le grand pont diffère du premier en
ce que les pates que l'on met dessus ne
sont que figurées; si on risque moins de
le faire goder, le dessous demande plus
de précautions, parce qu'il doit porter
les poches.

On peut le disposer de deux manières :
la plus usitée est de suivre le principe

indiqué pour le gousset de montre. L'ouverture doit avoir 17 à 18 centimètres
de longueur, et, afin de donner plus de
facilité à l'introduction de la main, on
la placera obliquement, la partie haute
sur le devant. (*Pl.* 7, *fig.* 6.)

L'autre manière consiste à fendre le
dessus du pont perpendiculairement, à
quatre centimètres du côte, et sur neuf
centimètres de hauteur, et n'exige
qu'une petite parementure.

Le premier procédé est préférable,
parce qu'il ne produit pas de grosseurs,
ni la dilatation de l'étoffe, que peut oc-
casioner l'introduction fréquente de la
main.

ASSEMBLAGE DU PANTALON.

Pour assembler un pantalon, on doit
d'abord le bâtir à plat, le coudre de
même, ne mettre aucun embu, que
dans le haut de l'entre-jambe et pour

le gros de la fesse. Si c'est un pantalon collant, on peut emboire légèrement le gros du mollet et le genou, ce qui préviendra des plis désagréables dans les jarrets.

On doit monter les ceintures de la même manière, et n'employer l'embu que pour les pantalons sans bretelles (caleçons) ; mais ceux qui montent au-dessus de la hanche peuvent parfaitement s'en passer, comme nous le démontrons dans notre théorie de la Coupe. Plusieurs tailleurs mettent cependant de de l'embu sur le derrière du pantalon, croyant ainsi donner plus d'aisance et de commodité à celui qui doit le porter, mais ils sont dans l'erreur, perdent inutilement de l'étoffe, et forment des paquets très gênans et de très mauvais goût.

LES BOUTS.

Les bouts se font de deux manières : les grands et les petits; ils servent à serrer le pantalon autour des hanches. Les premiers sont ordinairement employés pour les pantalons à grands ponts, parce qu'ils sont attachés sur les côtés, au niveau des extrémités de ce pont (*pl.* 2, *fig.* 11), et qu'ils doivent se croiser au milieu, sur le derrière de la ceinture.

Les petits s'emploient ordinairement pour les pantalons à petits ponts, parce qu'on les ploie au défaut des reins; on leur donne une longueur différente, le bout de droite est le plus long et doit servir à serrer la boucle; l'autre, plus court de moitié, est percé d'une boutonnière qui reçoit la boucle. On fait ces bouts d'une manière très solide; ils doivent être garnis d'un droit-fil, ou de forts canevas, placés entre l'étoffe du pantalon et la doublure.

BOUTONS D'ÉTOFFE.

On doit prendre un morceau d'étoffe et en faire un rond, qui aura un diamètre double de celui du moule, de telle sorte qu'en rabattant par dessus ce moule les bords de l'étoffe, il se trouve justement enveloppé.

On surjette bien serré si c'est du drap, et on plisse toute autre étoffe; on est obligé, quand elle est susceptible de s'effiler, de couper le rond plus grand, car, sans cette précaution, le bouton n'aurait aucune solidité. (*Voyez* l'article Bouton aux Garnitures.)

BOUTONNIÈRES.

Pour faire une boutonnière, on doit commencer par la tracer avec deux fils parallèles, nommés *passes*; c'est de cette première opération que dépend la régularité et la beauté de la boutonnière; la passe est formée avec du fil fin ployé en quatre, en six ou en huit, selon qu'on veut la rendre plus ou moins forte. Ce fil, tordu avec soin, est placé comme l'indique la figure 8, pl. 6, avec un écartement d'environ une ligne; la passe étant fixée, on ouvrira la boutonnière avec de petits ciseaux. (*Pl.* 1re). Pour obtenir une boutonnière brillante, on recouvrira la passe avec du cordonnet floche; on ne doit passer dans l'aiguille que la longueur de cordonnet nécessaire pour faire le point de l'une des moitiés de la boutonnière : sans cette précaution, la soie se ternirait promptement.

Pour conserver une grande régularité, il faut, pendant le travail, bien maintenir la passe avec l'ongle et placer l'aiguille de manière qu'elle en sorte toujours a une distance égale; c'est ce qui lui donne du relief.

ATTACHER LES BOUTONS.

Peu d'ouvriers attachent convenablement les boutons; pour le bien faire, il faut piquer son aiguille sur la place du bouton et à l'endroit de l'étoffe, la repasser ensuite dans le sens contraire et piquer la queue du bouton; on répète cette opération de manière à former avec le fil des croix superposées; c'est ce qu'on appelle *quatre jambes*; l'aiguille sera toujours placée entre deux *jambes* et piquée bien d'aplomb; on tournera ensuite le fil autour de la base du bouton en le serrant fortement, de manière à former une queue la plus mince possible, et finir par y faire passer deux derniers points pour arrêter le fil.

DE LA CULOTTE.

La culotte diffère du pantalon par sa longueur, offre plus de difficultés et demande plus de connaissances de l'état que ce premier vêtement. C'est surtout la partie inférieure qui présente des écueils à beaucoup d'ouvriers. On doit l'étudier et y apporter tous ses soins. Le bas de la culotte ou *jarretière* peut se faire de deux manières : la première, qui est employée pour les culottes habillées, se fixe avec des boucles, c'est celle qui est plus ordinairement mise en œuvre ; dans l'autre, on remplace les boucles par des cordons et des rubans.

Nous ne parlerons que de la façon de la première, qui ne diffère de celle de l'autre qu'en ce qu'elle a des bouts qui servent aux boucles.

La jarretière doit dépasser sur le devant de 7 à 8 c. la largeur du genou, pour former le grand bout ; on doit le coudre sur la jambe et laisser un peu d'embu sur le genou pour qu'il soit mieux emboîté ; mais, sous le jarret, c'est le contraire, il faut y tendre l'étoffe sur

le petit bout, qui doit porter une boutonnière et n'avoir que 3 c. de long et
la coupe de la culotte, c'est-à-dire s'abaisser tandis que l'autre tend à remonter.

Il est essentiel que les boutonnières
soient faites à œillets pour ne point produire de mauvais effets sur la jambe; les
boutons seront placés de manière à faire
tendre le devant; le côté sur lequel sont
ouvertes les boutonnières doit être doublé de la même étoffe que le vêtement,
et celui des boutons en toile de même
couleur, posé en droit-fil pour en assurer la solidité.

DE L'HABIT.

DOS.

Les morceaux étant apiécés, on doit
faire faire les remplis des basques du
dos et arrêter le cran de manière que la
basque que l'on commence à piquer par

en bas soit placée en dessus et bien d'aplomb, ayant eu le soin d'y mettre un droit-fil pour lui donner de la solidité.

On doit les placer libres sur le devant pour bien emboîter les hanches; sans cette précaution, elles feraient faire un un mauvais effet aux devans.

Pates. La doublure doit être tendue de manière à les empêcher de se retourner en dessous.

Les toiles de devant doivent être placées à plat. On piquera en point derrière la marque où doit être placé le bouton; ensuite on continuera à piquer les toiles en commençant par le bas, observant la distance des boutonnières pour éviter de couper les points lorsqu'on fait ces derniers, ce qui rendrait l'ouvrage malpropre, et lui ôterait de la solidité.

Le passement doit se placer de manière à pouvoir faire les remplis; il contribue beaucoup à donner de la grâce et de la solidité à l'habit; la pose du passement est très difficile dans les revers et le collet; on doit serrer le revers bien également depuis le point; on le commence jusqu'à environ 3 centimètres de la pointe, et depuis 3 centimètres de la pointe jusqu'à l'encolure, on le laisse libre; s'il était mal posé, on chercherait en vain à y remédier à l'aide du carreau, les pointes reprendraient bientôt leurs premières formes.

Pour donner aux revers de la facilité à se retourner, bien des ouvriers tendent fortement le passement, c'est un tort qu'il faut éviter, car cette tention fait retourner ces revers en dessus, ce qui arrive encore quand les doublures sont aussi trop tendues, non seulement pour les revers, mais pour les pates.

Les poches des plis doivent toujours

être placées bien unies, et pour cela on les faufilera sur les devans et on les rabattra ensuite.

Il faut placer un double droit-fil sous les boutons pour les empêcher d'arracher l'étoffe.

Les estomacs se garnissent plus ou moins, suivant les modes et la forme du vêtement.

Pour les piquer, on se sert habituellement de tirtaine ou de tricot et d'une toile.

Pour que les piqûres soient bien égales, on les trace avec de la craie sur l'un des côtés, et le rabattant sur l'autre, on le frappe légèrement de manière à en avoir une empreinte.

La poche du portefeuille se place horizontalement, mais un peu inclinée sur le devant: on y met, dans le bord, un passement qui doit être fixé dans les arrêtemens.

Le doublage de l'habit doit être fait avec un grand soin, surtout celui des revers ; lorsque l'on bâtit la doublure du revers sur le dessus, on doit passer un point derrière la partie où il doit renverser, un second derrière les boutonnières, en lui donnant la courbure convenable, et un troisième sur le bord, en ayant attention que ce travail soit bien égal. Il ne faut pas croiser les points, car alors on pourrait trouver en rabattant de l'étoffe de trop, soit en longueur, soit en largeur.

L'épaulette doit être bien tendue.

Il faut commencer à bâtir les devans par le haut, et parallélement.

La doublure des basques doit être libre sur le devant pour ne pas faire de plis sur les hanches. Cette liberté ne doit cependant exister que dans le haut.

Dans la partie qui porte les boutonnières, on met ordinairement une bande de toile, qui peut être avantageusement remplacée par une bande de soie ployée en double de chaque côté; elle donne plus de facilité pour la façon des boutonnières, mais les deux méthodes sont bonnes.

Les manches sont assemblées de manière que la couture soit prise sur le dessus, il en est de même pour les doublures qui ne sont pas trop tendues.

Les paremens qui sont ronds se montent ensuite à surjet, et on arrête la doublure par le bas dans un rempli ménagé à cet effet.

Si les manches sont ouvertes, on ne doit coudre que les saignées, bâtir le parement à la longueur voulue et les finir ; avant de coudre les derrières, on doit faire les boutonnières et presser les paremens. Il faut mettre des droits-fils pour les boutons, les boutonnières et la fente du parement.

Le collet est de forme très variable,

et sa façon est subordonnée à la coupe qu'on lui a donnée, et au développement de l'encolure.

Pour un collet dont l'encolure est creusée et que l'on veut faire plat, il faut donner du rond au pied et peu à la cassure.

Pour un collet bombé, il faut le couper en quatre et mettre de l'embu dans le tombant, en le cousant à très petits points, ce qui lui donne de la fermeté.

On emploie quelquefois de l'amidon pour donner de la fermeté au collet; mais ce moyen est mauvais, parce que cet apprêt se détruit promptement et n'est plus d'aucun effet; la cire est bien préférable quand la toile n'a pas assez de consistance.

Le passement ne doit être posé que quand le collet est monté, parce qu'alors on est plus certain de le disposer bien également. On appliquera pour les pointes du collet la même observation que pour celle des revers.

La doublure du collet ne doit pas être trop tendue; il ne faut pas y laisser plus d'étoffe qu'il n'en faut pour le monter sur l'habit.

Le montage de l'habit demande beaucoup de soin et d'habitude, de cette opération dépend sa bonne ou mauvaise façon; pour bien l'exécuter, il faut tendre le côté du devant depuis la tête du pli jusqu'à quatre doigts au-dessus, pour cela le dos doit être plus long de 2 centimètres; on aura cependant soin d'éviter de l'embu dans le côté.

Les plis doivent être montés de manière à emboîter le gros de la fesse, ce que l'on obtient en lui faisant former le rond.

Pour monter les manches, on doit commencer par la droite, et coudre depuis la coche que l'on a faite à l'écarrure jusqu'à quatre doigts en dessous, en soutenant le talon; on reprend ensuite sur le dessus de la manche, en soutenant toujours jusqu'à l'endroit où l'on doit commencer l'embu, qui sera placé bien également. Si l'on avait trop d'étoffe, on pourrait prolonger l'embu jusqu'au-dessus du bras, ce que l'on doit éviter autant que possible, ce qui se fait en fronçant la couture sur le dessus de l'épaule.

Pour monter le collet, il faut d'abord l'arrêter par un point, au milieu du dos, le coudre de chaque bout jusqu'à trois doigts au-dessus de la cassure; on coud également depuis le milieu du dos jusqu'à un pouce de la couture de l'épaulette, et l'on place dans la distance qui reste, l'embu que l'on doit mettre au collet, et qui sera d'un pouce de chaque côté.

Il ne faut jamais coudre sur l'encolure pour que le montage du collet soit égal, il faut mettre un passement dans l'encolure, pour la partie qui ne doit pas être tirée.

REDINGOTE.

La redingote offre peu de différence,
pour la confection, avec l'habit; le dos,
les manches, le collet et une partie des
devans sont faits suivant les mêmes
principes, surtout quand la redingote
est croisée.

Quand on met des poches au milieu
et sous les pates, celles-ci doivent bien
recouvrir l'ouverture, qui a ordinairement 3 centimètres de moins que la longueur de la pate. Ces poches se placent
à peu près comme celle du portefeuille,
sinon que ce qui sert de *paremenlure*
dans cette dernière, sert de sous-pates
dans celle-ci; par ce moyen, on ne la
fixe que par le haut. Au milieu de la
longueur de l'ouverture de la poche, on
fait une boutonnière pour empêcher
qu'elle ne s'entr'ouvre quand on ne veut
pas s'en servir.

Les pates des plis ont ordinairement

25 centimètres de longueur, et varient de forme selon la mode. Les poches de derrière se montent en rabattant sur le bord du dos et en couture sur le devant ou sur la pate; en bâtissant son pli, il faut faire attention à ce que les devans soient toujours bien tendus, afin que les poches ne puissent bâiller en arrêtant la tête du pli.

Il ne faut pas trop serrer les coutures des basques, afin d'éviter qu'elles ne tordent.

DU CARRICK.

Ce vêtement, servant de pardessus, est essentiellement large. Sa beauté est dans l'ampleur qu'on lui donne. Il n'offre que peu de difficultés dans sa confection.

Les manches portent des paremens ronds; on forme la taille au moyen d'une coulisse, qui porte l'ampleur sur le derrière; cette coulisse ne doit pas être plus basse que la dernière rotonde (ou le plus grand collet).

Les pates que l'on pose sur le côté doivent avoir environ 18 centimètres de longueur sur 2 centimètres et demi de largeur. Le haut de la pate doit être fixé au niveau de la coulisse afin d'y passer facilement la main.

La fente que l'on fait au dos, dans le bas, pour faciliter la manche, fatigue beaucoup et demande une grande solidité. On y met donc un double de toile et un fort passement que l'on couvre ensuite en drap.

La ceinture doit se placer sur la coulisse, sans pour cela empêcher celle-ci de faire son service.

Trois pates se placent aussi sur le devant; leur forme varie suivant la mode; elles doivent toujours être attachées ainsi qu'il suit : La première ou celle du haut, de manière à pouvoir la boutonner sur la poitrine, la seconde un peu au-dessus de la ceinture, la troisième plus bas encore, en conservant la même distance que celle qui sépare les deux premières : on doit placer celle du bas plus en arrière que celle du haut, pour donner de la croisure au carrick.

Les pélerines, lorsqu'on les monte après le collet, doivent être tendues avec force, parce qu'elles 'tuyautent

Le collet se fait comme celui des manteaux ou à la *Saxe*. Le collet à la Saxe est fait en quatre morceaux, deux au tombant et deux au montant; le pied ou montant doit être de la longueur de l'encolure; sa forme est à peu près celle d'un collet de gilet droit; le tombant a ordinairement 5 centimètres de plus longs de chaque côté; pour lui donner plus de rondeur, il faut employer les cinq centimètres en les faisant emboire sur toute la longueur. On peut mettre le passement de ces sortes de collets avant de les monter.

DU PLAID, ou MANTEAU A MANCHES.

Le plaid est un carrick qui ne porte qu'une seule et grande pélerine. Nous ne nous étendrons donc pas sur la façon ; nous ferons observer qu'on ne place pas de pates sur le devant.

LE MANTEAU D'HOMME.

C'est le vêtement le plus facile à façonner : une couture assemble les deux morceaux. Les devans sont doublés à plat ; on met seulement un morceau de toile dans le haut afin de soutenir la partie où l'on place les agrafes ; la petite rotonde se remploie ou se borde ; le collet doit être fait de manière à pouvoir être renversé à volonté ; il doit avoir environ 16 à 20 centimètres de haut sur 65 ou 70 de long, selon la force de celui qui doit le porter.

MANTEAU DE DAME.

Le manteau de dame ressemble pour la forme au manteau de pied; mais la pélerine est plissée; quelquefois on fronce le corsage. Les pélerines plissées se montent à plis crevés.

Le manteau de dame est ordinairement bordé ou liseré; pour cela, on emploie des bandes de soieries coupées en biais, de deux centimètres de largeur, dans lesquelles on place une ganse de coton, ayant soin de laisser à ces bandes un côté plus large que l'autre pour obtenir le moyen de la remplir. On doit coudre sur le liseré et bien cacher son point; on renverse ensuite la couture et on la rabat en dessous-main.

LES GILETS.

Lorsque toutes les parties qui doivent composer un gilet sont préparées et assemblées, on fera le dos et on le montera en fourreau, c'est-à-dire qu'on coudra la toile du dos entre l'étoffe du gilet et sa doublure; on rabattra en piquant; on fera ensuite les boutonnières, et l'on attachera les boutons.

Les poches de gilet demandent quelque soin; si l'étoffe est unie, on doit faire les pates en couture, c'est-à-dire à l'envers; dans le cas contraire, il faut les rabattre pour bien raccorder les dessins; on remplit les pates, et on les pose à plat; elles doivent avoir environ 14 centimètres de longueur sur deux 1/2 de hauteur.

Ces pates faites en couture doivent être tendues sur le devant du gilet; mais, comme en cousant on est toujours porté à faire emboire, il faut alors les bâtir et coudre sur le devant; par ce moyen, on sera toujours certain de réussir. Au reste, il faut employer les mêmes moyens que pour les pates des goussets de montre, en observant cependant que ces dernières exigent moins de soins et de propreté.

Quand l'étoffe du gilet est légère, on glacera les pates de poches sur un treillis et on le montera bien également.

Le collet étant la partie de la pièce qui décide l'aplomp d'un gilet, on doit arrêter son juste-milieu et le fixer au milieu du dos. On commencera par coudre le côté droit pour l'attacher à l'encolure, en observant bien de n'y pas mettre d'embu, ce qui donne naturellement sa longueur et ses proportions voulues.

Pour monter le côté gauche, il faut mesurer ce qui dépasse du côté opposé; pour lui donner les mêmes proportions, coudre pareillement sur l'encolure, faire le rempli tout au tour bien régulièrement, rabattre et piquer son gilet ou le border s'il doit l'être.

On mesurera ensuite les distances des boutonnières, on placera les pates, etc., comme il est dit ci-dessus.

UNIFORMES.

DU FRAC.

Lorsque toutes les pièces sont apprêtées, on les assemble et l'on coud les
passe-poils.

Le passe-poil doit être pris dans le
travers du drap, ce qui lui donne plus
d'élasticité que s'il était coupé en long
et facilite sa façon. Sa largeur doit être
d'un centimètre; et, pour le rendre plus
régulier, il est nécessaire de le déchirer.

La partie qui doit être cousue est le
haut du poil, parce qu'en le remployant,
il se trouve plus uni, et que le poil ne
se rebrousse pas.

Lorsque l'on veut passer une pointe,
il faut coudre jusqu'au bout, ne laissant
que la largeur d'une couture; il faut
ensuite ployer son passe-poil juste où finit le drap sur lequel on le coud, et lui
faire faire un petit pli : c'est ce qu'on

appelle faire l'écusson. Cette règle est certaine.

Quand les passe-poils sont cousus, on ne mordra que les écussons, et on ne passera que l'ongle dans les coutures. Ensuite on presse pour ouvrir les coutures; on les coupe de manière à rendre le passe-poil le plus mince possible, et on pique un point derrière.

Pour le tour des poches, on doit d'abord les tracer avec du fil, puis on bâtit le passe-poil en double, en suivant exactement ce tracé; ce passe-poil doit être étroit; on coud le tour des poches en surjet et par dessous. Cette méthode demande beaucoup d'habitude; elle est en usage dans les ateliers de régimens. La beauté du travail dépend de sa régularité et de sa finesse.

On peut encore procéder en cousant le passe-poil simple; dégageant son trop de largeur de la couture, l'on renverse et l'on rabat ensuite, en ayant soin de le remployer et le faire le plus mince possible.

C'est la bonne disposition du passe-poil qui offre la plus grande difficulté de la façon des uniformes.

Lorsque toutes les parties du frac sont passe-poilées, on monte les côtés, et l'on bâtit les plis; on doit le faire en rond afin d'emboîter le gros de la fesse. On met un passement à la basque, aux devans ainsi qu'au dos, et l'on bâtit les retroussis. Lorsque l'on double l'uniforme, on n'a pas besoin de tendre dessus, comme on le fait ordinairement dans l'habit bourgeois, mais de s'assurer si toutes les parties sont bien d'aplomb; et, pour réussir, on doit doubler à la main, c'est-à-dire qu'il est inutile d'appuyer son ouvrage sur la planche à doubler, puisqu'il faut lui faire prendre le rond de la poitrine et celui des basques. On prépare à part les plastrons avant de les placer sur les estomacs.

On coud le dos et l'on arrête le cran ; on monte les épaulettes et le collet. Les agrafes que l'on met à ce dernier doivent être attachées très solidement et un peu en arrière pour ne pas être vues.

Lorsque le corps est monté, on le presse, on rabat le corsage et on l'unit.

DE LA CHAMARRURE.

On entend par *chamarrure* tout ce qui est orné de ganses, de galons, de tresses, etc.

On distingue trois sortes de travaux dans la chamarrure.

Le dessin se compose de festons, de fleurs et d'enlacemens, s'enchaînant de différentes manières. Il offre un assez vaste champ à l'imagination de ceux qui s'en occupent. Les dessinateurs de broderies sont souvent chargés de tracer sur les étoffes des figures que doit reproduire la chamarrure ; mais on peut se passer d'eux en employant le moyen suivant :

Tracer sur du papier le dessin dont on a besoin, le placer sur plusieurs doubles s'il doit être reproduit plusieurs fois, et le piquer très serré avec une aiguille un peu forte, pour obtenir ainsi des copies exactes; bâtir une de ses feuilles sur la partie que l'on doit chamarrer, et faire le tressage. Lorsqu'il est terminé, on enlève le papier de dessous.

LE GALON doit être placé naturellement, sans faire de plis, de boursoufflures ni de rondeur; on lui fait suivre toutes les sinuosités du dessin; pour passer un coin, il faut faire l'écusson, en ayant soin qu'il ne soit ni trop rond ni trop pointu, car il doit pouvoir se tirer au fil et former une ligne droite, à partir du dernier ceintre que l'on a fait jusqu'à la pointe.

Les ceintures ou courbes doivent être plissées de manière que chaque pli forme un tuyau dans les ceintres. On laisse le galon libre, pour donner la facilité de faire ces plis qui doivent être parfaitement réguliers. Lorsqu'il ne s'agit que d'un galon, il est toujours assez aisé de le conduire ; mais, pour en placer plusieurs paraléllement, on éprouve des difficultés que l'habitude seule peut faire surmonter, comme pour bien faire, par exemple, un pantalon ou une pelisse d'officier supérieur de hussard, qui exigent quelquefois cinq galons, dont les pointes viennent se placer en ligne et forme la pique, de manière que les écussons des côtés viennent se toucher à la distance qu'on a laissée entre les autres galons. Au pantalon, les mêmes écussons de côtés en font autant et touchent aux trois galons qui sont sur les côtés, ainsi qu'à la couture du pont, et se tirent toujours au fil.

Le tressage orne les devans des pelisses, dolmans et polonaises; il se fait ordinairement en ganse carrée et quelquefois en chaînettes de laine, de soie, d'or ou d'argent.

On arrête d'abord le nombre des boutonnières ainsi que la largeur que l'on veut donner aux ornemens qui doivent être étroits en bas, couvrir toute la partie supérieure de la poitrine et s'étendre jusque sur l'épaule.

Dans les uniformes, la quantité des boutonnières devant toujours être la même, quelle que soit la longueur du corsage, il est nécessaire de bien graduer les distances. On place ordinairement cinq rangs de boutons sur les devans; on doit les placer dans la même direction que les ornemens, c'est-à-dire en s'écartant et s'élargissant du bas en huat.

Quand on commence à tresser, il faut opérer par en bas et des deux côtés (ce travail est le plus gracieux à l'œil), bien conserver la ganse sur son plat, faire suivre la tresse naturellement lorsqu'on arrive aux têtes ou que l'on forme les ronds appelés *œils de perdrix*.

UNIFORMES MILITAIRES DES DIFFÉRENTES ARMES.

Nous devons placer ici un tableau général des uniformes de l'armée française, qui guidera les tailleurs dans cette partie compliquée de leur art.

MARÉCHAL DE FRANCE.

Frac droit en drap bleu, boutonné sur le devant, par neuf boutons jaunes portant deux bâtons en sautoir; il est brodé en or, feuilles de chêne, sur les revers, le collet, la taille, les retroussis, les paremens, les poches et toutes les coutures.

Culottes ou pantalons de casimir, ou de tricot blanc.

LIEUTENANT-GÉNÉRAL.

Frac droit en drap bleu, à collet ouvert sur le devant; neuf boutons jaunes, portant un trophée; paremens ronds, broderie en feuilles de chêne en or, sur les revers et la taille, double rang de broderie sur le collet et les paremens.
Culotte ou pantalons collant blanc.

MARÉCHAL DE CAMP.

Même uniforme que les lieutenans-généraux, mais un seul rang de broderie sur le collet et les paremens.

CORPS ROYAL D'ÉTAT-MAJOR.

Frac bleu, droit, boutons jaunes, paremens en pointes, retroussis bleus, tous les passe-poils amarantes.

Les officiers supérieurs portent au collet et aux paremens, le long du passepoil, une baguette dentée, brodée en or, et au-dessous et parallèlement un chaînon aussi en or.

Les capitaines et lieutenans ne portent que la baguette dentée.

Pantalon garance.

CORPS DES INGÉNIEURS GÉOGRAPHES.

Ce corps a été foudu dans celui d'état-major et porte le même uniforme.

RÉGIMENS DE LIGNE.

Frac bleu, droit; collet, retroussis, passe-poils rouges; paremens à pates; boutons jaunes portant un numéro, des étoiles en drap bleu sur les retroussis.

Pantalon rouge garance.

INFANTERIE LÉGÈRE.

Frac bleu, droit; collet, retroussis,

passe-poil jaunes; paremens bleus en pointe; boutons blancs portant un numéro; étoiles bleues en drap sur les retroussis.

Pantalon rouge garance.

ARTILLERIE A PIED.

Habit bleu, collet et revers bleus; passe-poil, retroussis rouges; paremens rouges, pates bleues.

Pantalon bleu avec passe-poil rouge.

Boutons jaunes portant deux canons en sautoir, et au-dessous le numéro du régiment.

ARTILLERIE A CHEVAL.

Veste bleue, collet bleu, paremens en pointe et retroussis rouges; revers formés par des ganses rouges formant trèfles, boutons jaunes ronds, portant deux canons en sautoir.

TRAIN.

Veste de drap gris, collet, revers, retroussis et paremens bleus de roi, boutons blancs avec deux canons en sautoir.

Pantalon gris avec passe-poil bleu.

CORPS DU GÉNIE.

Habit bleu; collet, revers, paremens et pates de velours noir; passe-poils, retroussis rouges; boutons jaunes portant une cuirasse et un casque.

Pantalon bleu à bandes rouges.

TRAIN DU GÉNIE.

Habit-veste en drap gris; collet, revers et paremens ronds à pates, en velours noir; passe-poil rouge. Pantalon de même couleur que l'habit avec un passe-poil rouge. Boutons du génie blancs.

GARDE MUNICIPALE DE PARIS.

Frac bleu, passe-poil rouge, collet blanc, revers blancs sans passe-poil, retroussis rouges, paremens bleus, pates blanches.

Pantalon bleu, boutons portant des vaisseaux.

GENDARMERIE.

Frac bleu, passe-poil rouge, collet et paremens bleus, revers et retroussis rouges.

Boutons blancs.

GARDE NATIONALE.

Frac bleu, revers bleus avec passe-poil rouge, collet rouge abattu sur le devant, paremens rouges avec pates blanches, retroussis rouges portant une grenade ou un cor de chasse blanc.

Pantalon bleu uni.

16.

ARTILLERIE DE LA GARDE NATIONALE.

Même uniforme que l'artillerie de l'armée, avec une pate blanche sur les paremens.

CAVALERIE.

CARABINIERS.

Il y en a deux régimens.

1er régiment. — Veste bleue de ciel, droite, paremens et pates de même couleur, collet et passe-poil rouges.

Boutons blancs portant une grenade et un numéro.

Pantalon garance avec passe-poil bleu.

2e Régiment. — Semblable, à l'exception du collet qui est bleu comme l'habit et du parement qui est rouge, avec une pate bleue.

CUIRASSIERS.

Il y en a dix régimens.

1er et 2e régimens. — Veste bleue foncée, droite, collet, retroussis, pates de paremens et passe-poil rouges.

Boutons blancs.

Pantalon garance.

3e et 4e régimens. — Veste bleue foncée, droite, collet, retroussis, pates de paremens et passe-poil oranges.

Pantalon garance.

5e et 6e régimens. — Veste bleue foncée, droite, collet, retroussis pates de paremens et passe-poil jaunes.

Boutons blancs.

Pantalon garance.

7e et 8e régimens. — Veste bleue foncée, droite, collet, retroussis, et pates de paremens bleus, paremens et passe-poil rouges.

Boutons blancs.

Pantalon garance.

9e et 10e régimens. — Veste bleue foncée, droite, collet, retroussis et pates de paremens bleus, paremens et passe-poil oranges.

Boutons blancs.

Pantalon garance.

DRAGONS.

Il y en a douze régimens.

1er et 2e régimens. — Veste de drap vert; collet, revers et pates de paremens roses; retroussis verts; passe-poil rose.

Pantalon garance avec passe-poil vert.

Boutons jaunes portant un numéro.

3e et 4e régimens. — Veste verte; collet, pates de paremens et retroussis verts; revers, paremens et passe-poil roses.

Boutons jaunes.

Pantalon garance avec passe-poil vert.

5e et 6e régimens. — Veste verte; pa-remens et retroussis verts; collet, revers, pates de paremens et passe-poil jaunes.

Boutons jaunes.

Pantalon garance avec passe-poil vert.

7e et 8e régimens. — Veste verte ; collet, retroussis et pates de paremens verts ; revers, paremens et passe-poil jaunes.

Boutons jaunes.

Pantalon garance avec passe-poil vert.

9e et 10e régimens. — Veste verte ; retroussis et paremens verts ; collet, revers, pates de paremens et passe-poil amarantes.

Boutons jaunes.

Pantalon garance avec passe-poil vert.

11e et 12e régimens. — Veste verte ; paremens et retroussis verts ; collet, revers, pates de paremens et passe-poil garances.

Boutons jaunes.

Pantalon garance avec passe-poil vert.

CHASSEURS A CHEVAL.

Il y en a 18 régimens.

Pour tous les régimens. — Veste verte, droite ; retroussis verts.

Pantalon garance, avec un galon panaché garance et de la couleur distinctive.

Boutons blancs ronds, portant un numéro.

Les couleurs distinctives sont, pour les 1er et 2e régimens,

Collet écarlate, tresse formant revers en ganse de laine panachée, vert et écarlate; paremens en pointes verts; passe-poil écarlate.

3e et 4e régimens. — Collet vert à pointes et passe-poil écarlates, mêmes tresses que ci-dessus; paremens en pointes écarlates, passe-poil écarlate.

5e et 6e régimens. — Collet jaune, tresses jaune et verte, paremens verts, passe-poil jaune.

7e et 8e rég.—Collet vert avec pointe et passe-poil jaunes, mêmes tresses que ci-dessus, paremens et passe-poil jaunes.

9e et 10e régimens. — Collet ama-

rante, tresses amarantes et vertes, paremens verts, passe-poil amarante.

11e et 12e régimens. — Collet vert
avec pointe et passe-poil amarantes,
mêmes tresses que ci-dessus, paremens
et passe-poil amarantes.

13e et 14e régimens. — Collet orange,
tresses oranges et vertes, paremens verts,
passe-poil orange.

15e et 16e régimens. — Collet vert
avec pointe et passe-poil oranges, mêmes
tresses que ci-dessus, paremens et passe-
poil oranges.

17e et 18e régimens. — Collet rouge,
tresses rouges et vertes, paremens verts,
passe-poil rouge.

HUSSARDS.

Il y en a six régimens.

1er régiment. — Dollement tout bleu
de ciel, à l'exception du parement en
pointe, qui est écarlate. Il est bordé en

galons panachés blancs et rouges, et ornés de tresses semblables formant revers.

Pelisse bleue de ciel avec même tressage et bordée de fourrures.

Pantalon garance avec un galon panaché vert et rouge.

Boutons ronds et blancs portant numéro.

2ᵉ régiment. — Dollement couleur marron, paremens écarlates, galons et tressage de ganse blancs et rouges.

Pelisse marron avec même tressage et bordée de fourrures.

Pantalon garance avec galons rouges et marrons.

3ᵉ régiment. — Dollement blanc, paremens écarlates, galons et tressage en blanc et rouge.

Pelisse blanche avec même tressage et bordée de fourrures.

Pantalon garance avec galons rouges et blancs.

4ᵉ régiment. — Dollement écarlate,

paremens bleus de ciel, galons et ganses blancs et écarlates.

Pelisse écarlate, mêmes tressages et bordée de fourrures.

Pantalon bleu de ciel avec galons rouges et bleus.

5e régiment. — Dollement bleu de roi, paremens écarlates, galons et tressages blancs et rouges.

Pelisse bleue de roi, mêmes tressages, et bordée de fourrures.

Pantalon garance avec galons rouges et bleus.

6e régiment. — Dollement vert, paremens écarlates, galons et tressages blancs et rouges.

Pelisse verte, mêmes tressages et bordée de fourrures.

Pantalon garance avec galons rouges et verts.

LANCIERS.

Kouska rouge garance à revers bleus,

17

collet bleu pour les 1ᵉʳ, 2ᵉ, 4ᵉ et 5ᵉ régimens; garance pour les 3ᵉ et 6ᵉ; pates du collet à trois pointes garances pour les 4ᵉ et 5ᵉ; bleus pour le 6ᵉ; paremens en pointes bleus pour les 1ᵉʳ, 3ᵉ, 4ᵉ et 6ᵉ; garances pour les 2ᵉ et 5ᵉ; retroussis bleus pour le 6ᵉ régiment; passe-poil des coutures du dos et du derrière des manches bleu, bride d'épaulette garance.

Pantalon garance avec deux bandes et passe-poil sur les côtés bleus.

COSTUMES CIVILS.

Presque tous les costumes civils consistent en un habit droit avec des collets et paremens de diverses étoffes ornées de broderies particulières; ce serait sortir de notre sujet que de les décrire ici : on doit trouver ces détails dans le *Manuel des Brodeurs*, qui sont spécialement chargés de les exécuter et de les fournir aux tailleurs pour être montés et assemblés.

VOCABULAIRE

ET

TABLE DES MATIÈRES

CONTENUES

DANS LE MANUEL DU TAILLEUR.

A.

Agneaux. Les peaux d'agneaux les plus estimées sont celles de Perse ; elles sont grises et ont une frisure petite, très courte et très belle ; elles sont d'un prix très élevé.

Les agneaux de Tartarie ont la peau parfaitement noire et d'un beau lustre. Ceux de Lombardie, du Piémont, de la Toscane et de quelques contrées d'Italie donnent des peaux qui sont aussi très estimées.

Le midi de la France et surtout les

environs d'Arles fournissent aussi des peaux d'agneaux recherchées par la douceur de leur laine.

On emploie cette fourrure pour garnir des vêtemens d'hiver, et les collets et paremens de certaines polonaises.

Aiguille. Petit instrument d'acier poli et délié, pointu par un bout et percé de l'autre, qui sert à coudre. On en fabrique en Angleterre qui passent pour les meilleures de toutes à cause de la bonté de l'acier dont elles sont faites.

On en fabrique en Allemagne dans un grand nombre de villes, entre autres à Aix-la-Chapelle, à Vaelz, près Maëstrich ; elles sont moins estimées que celles d'Angleterre.

Enfin on en fabrique en France, à l'Aigle, Paris, Rouen, Evreux, Orléans, Limoges, Bordeaux.

Les aiguilles se vendent par paquets carrés et longs. Elles sont de différentes qualités et grosseurs, y en ayant depuis le n° 1, qui sont les plus grosses, jusqu'au n° 22, qui sont les plus petites et les plus fines.

Les aiguilles dites à *tailleurs* se divisent en aiguilles à boutons ou à galons, à boutonnières, à coudre ou à rabattre, et les aiguilles à rentrer. (*V*. pag. 22.)

Alépine. Etoffe de soie et laine, dont on fait des pantalons, etc.   40

Alpaga. Etoffe de laine.   35

Amazone. Vêtement de femme propre à monter à cheval.

Angle. Espace qui sépare l'écartement de deux lignes (*fig.* 9, *pl.* 6), angle droit formé par deux lignes perpendiculaires l'une à l'autre (*fig.* 9), Angle obtus plus grand que le droit (*fig.* 11), aigu plus petit (*fig.* I D).

Angle de réduction employé pour le tracé géométrique des vêtemens.   124

Appiécer. Réunir les différentes pièces ou morceaux d'un vêtement.

Appiéceur. Ouvrier qui réunit les pièces ou morceaux d'un vêtement.

Appointer. Bâtir ensemble plusieurs pièces ou morceaux d'un vêtement.

Arc. Portion de la circonférence du cercle (*fig.* 12, *pl.* 6); la corde est la ligne droite qui soutient l'arc.

Article. Vêtement, terme de marchand tailleur.

Articles qui composent cet ouvrage. (*Voyez* le Vocabulaire, p. 195.)

Assemblage. Réunion des différentes parties d'un vêtement.

Astracan. Fourrure dont on fait des collets de manteaux et des garnitures de polonaises, etc.

Attache des boutons.   154

Atelier. Lieu de travail. Il y a entre l'atelier et la boutique cette différence que l'on ne donne le premier nom qu'à l'endroit où s'exerce un art ou une profession qui demande des connaissances spéciales, et qu'on donne celui de *boutique* à l'endroit ou s'exerce un métier qui n'exige qu'un travail de bras ordinaire.   19

L'atelier du tailleur.   19

Aune. Mesure de longueur pour les étoffes, toiles, rubans, etc. L'aune est de 3 pieds 7 pouces 8 lignes, ou de 1 mètre 21 centimètres.

Elle se divise en deux manières :

La première, en demi-aune, en tiers, en sixième et en douzième;

La seconde, en demi-aune, en quart, et
en huit et en seize.

B.

Baguette. Petit bourlet en étoffe, formé
par un cordonnet ou ganse de coton, et
faisant saillie et ornement.

Basques. Pièce du bas de la redingote, de l'habit ou de la veste. *Voyez*
les articles qui traitent de ces vêtemens.

Batiste. Sorte de toile de lin très fine
et très blanche, ou écrue.   36

Beige. Étoffe de laine ou espèce de
serge, fabriquée de laine de couleur noire,
grèle ou tannée, qui n'a reçu aucune
teinture.

Bindelys. Petits passemens en soie
argent qui se fabriquent en Italie.

Blaireau. Fourrure assez semblable à
celle du renard.

talon sans pont, qui se ferme avec des boutons. 34 et 154

Breluche. Sorte de droguet fil et laine qui se fabrique à Rouen, à Dartrelet et surtout à Caen.

Brocards. Étoffes riches à fond d'or. On s'en servait autrefois pour faire des vestes ou gilets. Cette mode a semblé vouloir reprendre il y a peu de temps.

Brocatel. Etoffe de grosse soie ou coton, faite à l'instar du brocard; il s'en fait aussi de toute soie ou de toute laine. C'est encore le nom d'une autre petite étoffe.

Burat. Étoffe de laine, un peu plus forte que l'étamine, dont elle est une espèce. 41

Bure. Etoffe de laine grossière ayant le poil long, qui se fabrique de la largeur d'une aune. On donne aussi le nom

de bure à une grosse tirtaine d'une demi-
aune de large.

C.

Cadis. Petite étoffe de laine ou serge
très étroite et légère.

Caleçon. Sorte de culotte ou de pantalon de dessous.   60

Calmouck. Etoffe de laine tirée à long
poil, de 5/8 de large et en pièce de 50
aunes.

Camelot. Etoffe non croisée qui se
fabrique avec la navette; on en fait des
vêtemens d'été.   41

Camisole. Veste de dessous, à manches ou sans manches, qu'on met immé-
diatement sur la peau; on la fait le plus
ordinairement en flanelle ou en laine
fine. *Voyez* Gilet.

Canevas. Grosse toile servant de garniture intérieure des vêtemens.   50

Canons. Bande large de rubans ou dentelles qui ornaient autrefois le bas des hauts-de-chausses.

Capote. Vêtement militaire ou redingote large.   57

Capote à collet. Voyez page 58.

Carabiniers (uniforme des).   *Ib.*

Carde. Petit instrument d'acier qui sert à tirer et allonger le poil du drap : il est souvent employé par les fripiers.

Carré. Figure à quatre côtés égaux et à quatre angles droits.

Carreau. Sorte de fer à repasser des tailleurs, qui sert à rabattre et unir les coutures. *Voyez* page 23.

Carrick. Espèce de redingote ou houppelande large, portant plusieurs collets ronds ou pélerines.   58 et 166

Carton, dit carton-carte, mince, uni et lisse, propre à faire des patrons.

Casimir. Etoffe de laine, drap léger.   37

Castor. Pelleterie peu employée pour
les vêtemens.

Castorine. Tissu de laine pour vêtement d'été.   31

Cavalerie. Uniforme des régimens de
cavalerie.   186

Ceinture. Pourtour de la taille. 146
————— du pantalon. Façon de ceinture.   145

Centimètre. Centième partie du mètre. (*Voyez* le mot Mètre.)

Cercle. Espace terminé par une ligne
courbe également éloignée d'un point
nommé centre. (*Fig.* 13, *pl.* 6.)

Chaîne. Fils de soie, de laine, de lin, de
chanvre, de coton, étendus en long sur le
métier et à travers desquels passe la *trame.*

Chamarrure. Garniture d'un vêtement
avec du galon et des tresses.   176

Chanteau. Pièce triangulaire qui se met pour élargir les basques d'une redingote, etc.

Chardon. Plante dont la tige, garnie de petites épines, sert à l'apprêt des étoffes de laine. Les ouvriers s'en servent pour remettre les draps à poil, pour les ouvrages de hasard.

Chasseurs à cheval (uniforme des). 190

Circassienne. Etoffe de laine et coton. 42

Ciseau. Outil en fer pour ouvrir les boutonnières. 27

Ciseaux. Instrument à deux branches, pour tailler et couper les étoffes. Les tailleurs en ont de trois dimensions. (*Voyez* page 27.)

Coatings. Etoffe de laine. *Ib.*

Collet. Partie de l'habillement qui est autour du cou.

—— droit, rabattu, en schall. Façon. 161

Voyez fig. 10 et 11 de la pl. 6.

Compas. Instrument à deux branches qui sert à décrire des cercles.

Cordeau. Ficelle serrée que l'on frotte de craie, que l'on tend et pince par le milieu pour tracer de longues lignes.

Cordonnet. Soie très forte, propre à faire des boutonnières, etc.   53

Corps royal d'état-major. Uniforme des officiers.   181

Corps des Ingénieurs Géographes. Uniforme.   182

Corps royal du Génie. Uniforme. 184

Corsage. Partie du vêtement qui enveloppe le dos, les côtés et la poitrine.

Costumes civils.   194

Coton. Laine végétale produite par un arbuste ou plante ; la plus grande partie vient de l'Amérique ou du Levant.

Cotonnade. Non général des étoffes fabriquées de fil de coton, toiles, siamoises, indienne, nankin, etc.

Coupon. Partie ou reste d'une pièce d'étoffe.

Courbe. Ligne arrondie, régulière ou irrégulière.

Coutils. Espèce de toile croisée, blanche, imprimée ou écrue, pour gilets ou pantalons.   37

Couture. Assemblage de deux choses avec une aiguille et du fil.

Craie. Pierre blanche qui sert à tracer la coupe sur les étoffes.   27

Craquette. Outil en fer pour marquer les piqûres,   24

Crin. Il sert à rembourrer quelquefois certaines parties de vêtemens, comme revers, épaules, etc.

Crispin. Sorte de petit manteau.   59

Cuir de laine. Drap fort épais pour pantalon.   ***Ib.***

Cuirassiers (uniforme des).   186

Culotier, culotière. Ouvriers qui s'occupent spécialement de la façon des culottes et pantalons.

Culotte. Partie du vêtement qui cou-

D.

Dé. Instrument pour pousser les aiguilles. **22**

Décimètre. Dixième partie du mètre.
(*Voyez* le mot Mètre.)

Degrés. Division du cercle en 360 parties, ou en 400 parties, d'après le calcul
décimal. (*Voyez* Rapporteur.)

Diamètre. Ligne droite qui partage le
cercle en deux parties égales en passant
par le centre.

dinairement sans croisure : on les nomme souvent *Pinchina.*

E.

Ecarlate. L'une des plus belles teintures rouges.

Echancrure. Coupure courbe de plusieurs parties de vêtemens, et particulièrement sous le bras.

Echantillon. Petit morceau d'étoffe que l'on coupe d'une pièce entière pour servir de montre.

Echelle. Mesure divisée, servant à la réduction. (*Voyez* Règle, Mètre.)

Echelle de réduction. Pour ajuster un patron aux différentes tailles.   127

Echeveau. Plusieurs fils tournés et pliés ensemble sur un dévidoir après qu'ils ont été filés au fuseau ou au rouet.

Écru. Epithète donnée au fil ou à la soie qui n'ont point été décrusés ni mis à l'eau bouillante. On appelle aussi étoffes écrues, celles qui n'ont point été mouillées.

Emmanchure. Ouverture qui joint le haut de la manche au corsage.

Emporte-pièce. Outil pour percer des trous réguliers et des œillets. 25

Encollure. Partie de vêtement qui joint le collet au corsage.

Enfans (vêtemens des). 140

Epaulette. Partie de l'habit, de la redingote ou du gilet, qui couvre l'épaule et s'ajuste avec le dos.

Epingle. Petit instrument de laiton, droit et pointu qui sert d'attache aux étoffes.

Eponge. Employée pour les façons. 25

Equerre. Instrument pour élever des
perpendiculaires et tracer des parallèles.   100

Equerre mobile. Pour tracer différens
angles.   126

Espagnolette. Etoffe de laine.   58

Etabli. Sorte de plancher élevé où
se placent les ouvriers tailleurs.   26

Etamine. Petite étoffe très légère non
croisée, composée d'une chaîne et d'une
trame, qui se fabrique avec la navette
sur un métier à deux marches.   40

Etoffes. Nom général qui signifie toutes
sortes d'ouvrages de laine, soie, lin, etc.
—— *d'hiver*.   29
—— *d'été*.   36
—— *de garniture*.   46

Etoupe. Rebut, bourre et partie la
plus grossière du chanvre ou du lin; elle
sert à garnir certaines parties des vêtemens.

F.

Ferandine. Etoffe légère dont la chaîne est de soie, mais qui n'est tramée que de laine ou même de poil, de fil ou de coton.

Fil. Corps délié qui sert à coudre, etc. 47

Finette. Toile de coton croisée. 39

Flanelle. Etoffe de laine. *Ib.*

Florence. Petit taffetas léger qui sert aux doublures.

Foule. Préparation que l'on donne aux draps et aux étoffes de laine en les foulant au moyen d'un moulin afin de les draper.

Fourneau pour faire chauffer les fers et les carreaux du tailleur. 26

Fourniture. Divers objets servant à garnir ou à orner les vêtemens. 46

Fourrure. On entend par ce mot toute espèce de peau garnie de son poil qui entre dans le commerce des marchands pelletiers, telles que sont les *martres, renards, petits gris, hermine,* etc.

Frac. Nom de l'habit. (*Voyez* Habit.) 173

Frange. Ornement qui s'applique à l'extrémité de certains vêtemens, collets de manteaux de dames.

Froc. Etoffe de laine croisée assez grossière.

Futaine. Etoffe de fil. 49

G.

H.

J.

Jarretière. Partie de la culotte qui serre le genou.   155

Justaucorps. Vêtement qui couvrait le corps et descendait jusqu'aux genoux.

L.

Lacet. Petit tissu de soie, de fil ou de coton, employé pour serrer ou rapprocher quelques parties de vêtemens.

Laine. Poil des agneaux, béliers et moutons; elle sert à faire les draperies et autres étoffes.

Lampe astrale, pour éclairer l'atelier du tailleur.   26

Lanciers. Uniforme.   194

Levantine. Nom que l'on donne à une espèce d'étoffe de soie tout unie, et qui ert de doublure.

Mode. La mode, qui porte principalement sur la forme des diverses parties
accessoires des vêtemens, mais qui cependant ne touche pas aux formes générales, ni à aucun des principes de la
coupe et de la façon, n'a pu être traitée
dans ce Manuel. Un ouvrage spécial fait
connaître les variations journalières de
la mode; il est rédigé avec clarté et
méthode, et doit se trouver dans l'ate-

lier de tous les tailleurs achalandés.
C'est le *Journal des Tailleurs*, qui paraît deux fois par mois; il est orné de
jolies figures et de modèles de vêtemens,
et coûte 6 fr. pour 3 mois. On s'abonne
boulevart des Italiens, n° 2, près le
passage de l'Opéra.

La *Théorie de l'art du tailleur* faisant
suite au *Follet*, journal des modes, est
aussi spécialement destiné aux tailleurs.
Il paraît tous les premiers dimanches de
chaque mois, coûte 10 fr. pour un an,
6 fr. pour 6 mois. La direction est rue
Notre-Dame-de-Nazareth, n° 25.

Molleton. Etoffe de laine qui sert de
doublure, etc.   32

Montage d'un habit.   163

N.

Nankin. Etoffe de coton pour habillement d'été.   45

Nankinet. Etoffe de coton.   *Ib.*

O.

OEil de perdrix. Terme de chamar-rure. *Voyez* ce mot.

Officiers d'état-major. Uniforme. 181

Olive. Sorte de boutons allongés, en plaque, pour les polonaises et autres vê-temens.

Ouates. Coton ou filasse auxquels on donne un apprêt particulier; elle sert à garnir des douillettes, habits, etc.   50

Outils du Tailleur.   71

P.

Panne. Etoffe veloutée dont on fait des livrées, etc.   35

Pantalon. Vêtement qui couvre la par-tie inférieure du corps.   54

place dans différentes parties des vêtemens pour en soutenir les bords. 5o et 158

Passementerie. Ce qui comprend la
fabrication et le commerce de rubans,
galons, tresses, lacets, padous, etc.

Passe-poil. Bord d'étoffe qui orne différentes parties de vêtemens; il est souvent de couleurs tranchantes sur les uniformes.

Pale. Morceau d'étoffe appliqué sur
quelques parties de vêtemens.   25

—— de pantalon.   149

—— pour attacher le carrick.   167

—— de fausse poche.   157

Patron. Modèle qui sert à tracer sur
les étoffes les différens vêtemens et à les
couper avec exactitude et économie.

Tracé des patrons.   74

Peau. Dépouille des animaux travaillée par les tanneurs; les tailleurs se

servent de peaux pour différens usages,
pour doubler les ceintures d'uniformes,
par exemple.

Pélerine. Collet rond adapté à certaines
redingotes, manteaux ou carrick.

Pelisse. Sorte de manteau à capuchon pour les dames.　　　　　142

Pelleterie. Toutes les peaux destinées
à faire des fourrures.

Pelote. Boîte ou coussin pour placer
les épingles et les aiguilles.

Peluche. Étoffe à poil pour garniture
extérieure, collet, parement, etc.　　34

Percaline. Toile de coton qui sert aux
doublures.　　　　　51

Pièce. Nom sous lequel les ouvriers
tailleurs désignent un vêtement à façon.

Pièce. Tout complet d'étoffes, roulée
ou ployée. La partie d'une pièce est
nommée *coupon.*

Pied droit. Ancienne mesure, composée de 12 pouces et ayant 32 cent. de long : le pouce est divisé en 12 lignes.

Pinchina. Etoffe de laine, non croisée, qui se fabrique à Toulon.

Piqué. Etoffe d'été en coton.   44

Plaid. Sorte de manteau à manche. 169

Pli. Partie double du derrière d'un habit ou d'une redingote.

Pli. Un ou plusieurs doubles que l'on fait à une étoffe qui a été pliée, marque d'une ployure.

Poches. Petit sac qui fait partie de l'habillement.

—— de l'habit.   159

Poil de chèvre. Etoffe d'été dont on fait des gilets et pantalons.   43

Poinçon. Petit instrument pointu pour percer des trous et des œillets.   24

Point. Figure que fait dans l'étoffe une aiguille en fil de soie , de fil, etc. Il y a différentes sortes de points.

Polonaise. Vêtement de fantaisie cha-marré.   58

Pont. Ouverture du devant d'un pan-talon.   147

Pont (grand), pont (petit), etc. *Voyez* l'article Pantalon.

Porte-aiguille. Morceau de drap sur lequel les ouvriers tailleurs attachent leurs aiguilles.

Pourpoint. Partie de l'ancien habille-ment français , qui couvrait le cou jus-qu'à la ceinture.

Prunelle. Etoffe d'été, en laine ou soie de diverses couleurs, mais plus ordinai-rement noire.   45

R.

Revers. Partie de vêtement qui se croise ou couvre la poitrine; les revers des uniformes sont souvent de couleurs tranchantes.

Robe de chambre. Vêtement négligé. 59

Robe du Palais. Vêtement d'avocats et de juges.

Roquelaure. Sorte de houppelande, ou capote large qui n'est plus en usage.

Ruban. Tissu de soie, laine ou fil, mince et un peu large, qui sert à divers usages.

S.

Sardis. Etoffe grossière de laine de différentes couleurs, qui porte une demi-aune de large et se fabrique à Cluni, Mâcon, Bourg, Montreaux.

Satin. Etoffe de soie. 45

Serge. Etoffe de laine propre à faire des doublures.

Silésie. Drap léger.   45

Sixfrancs, ou passe-carreau anglais, pour aplatir les coutures, etc.   23

Soie. Produit d'un ver qui se nourrit du mûrier.   52

Soierie. Nom général des étoffes de soie.

Soubreveste. Ancien vêtement sans manches, assez semblable au corps d'une redingote droite.

Soufflet. Pièce ordinairement triangulaire qui sert à élargir certaine partie de vêtement.

Soutane. Robe longue et traînante, boutonnée par devant et sur sa longueur: c'est le vêtement principal des ecclésiastiques.

Soutanelle. Justaucorps des ecclésiastiques.

Surtout. Vêtement fort large qui se mettait par dessus les autres habits.

T.

Taffetas. Etoffe de soie très fine, très légère et serrée ; on en fabrique d'unis, de rayés et glacés , etc.

Tiersage. Opérations pour déterminer les dimensions du corsage des redingotes et habits. 72

Tirtaine. Etoffe grossière dont on fait des garnitures. 50

Tissu. Nom général de toutes les étoffes faites à la navette.

Toile. Tissu de fil de lin ou de chanvre. 51

Tracé. Faire un trait ou dessin d'une

Trame. Fil des étoffes en travers et qui traverse les chaînes.

Treillis. Espèce de toile de chanvre écrue, très grosse et très forte, dont on fait des garnitures.

Tressage. Opération de la chamarrure. 178

FIN.

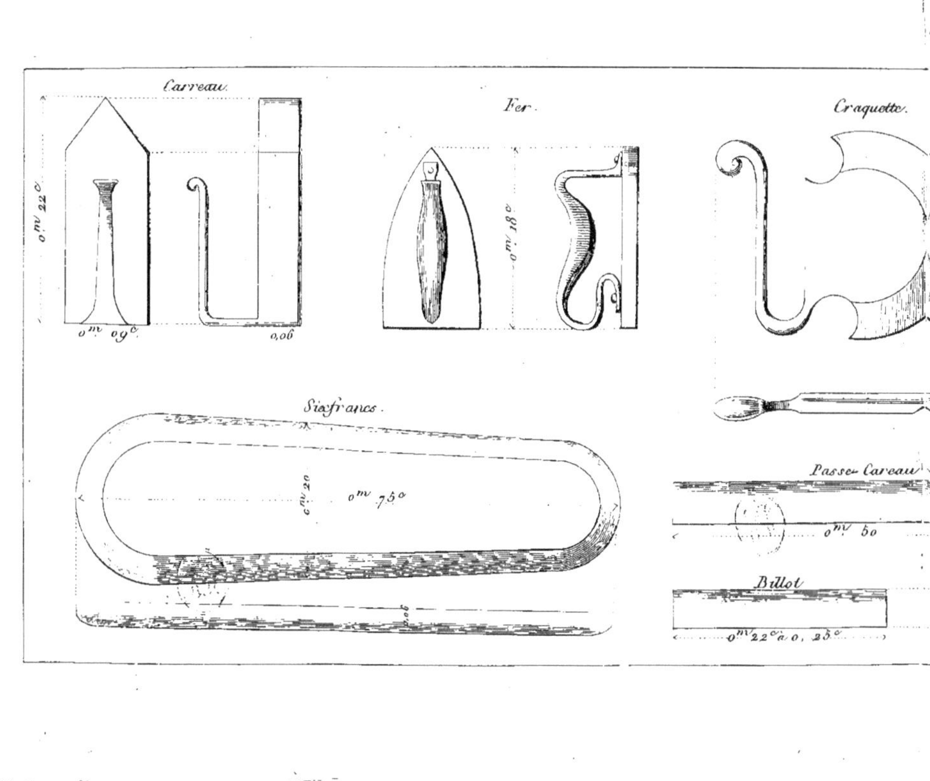

Carreau.
Fer.
Craquette.
o.m 22.c
o.m 09.c
0,06
o.m 18.c
Six-francs.
o.m 20
o.m 750
Passe-Careau
o.m 50
Billot
o.m 22.c à 0, 25.c

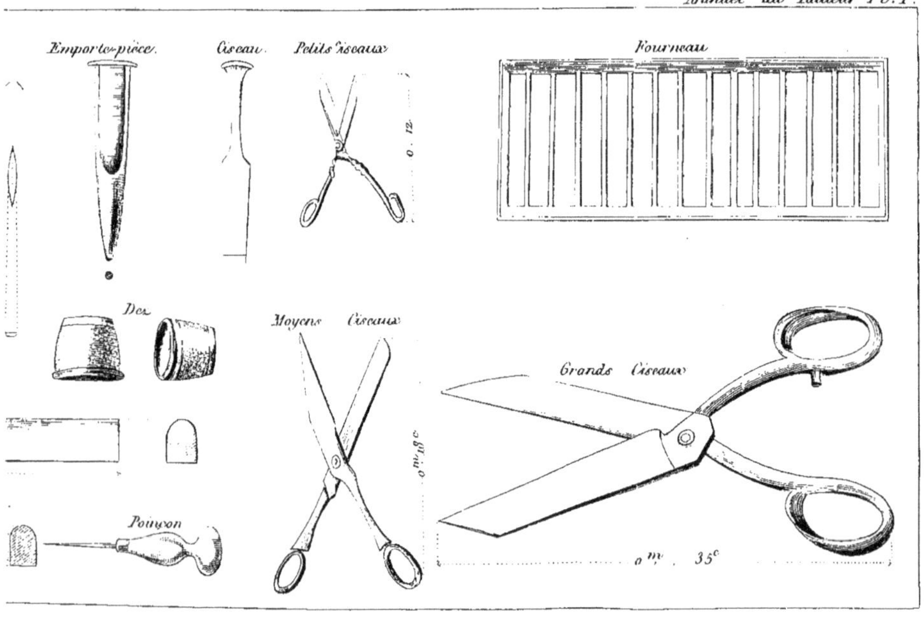
Emporte-pièce.
Ciseau
Petits Ciseaux
Fourneau
o. 12.
Des
Moyens Ciseaux
Grands Ciseaux
o m. 18 c.
Poinçon
o m. 35 c.

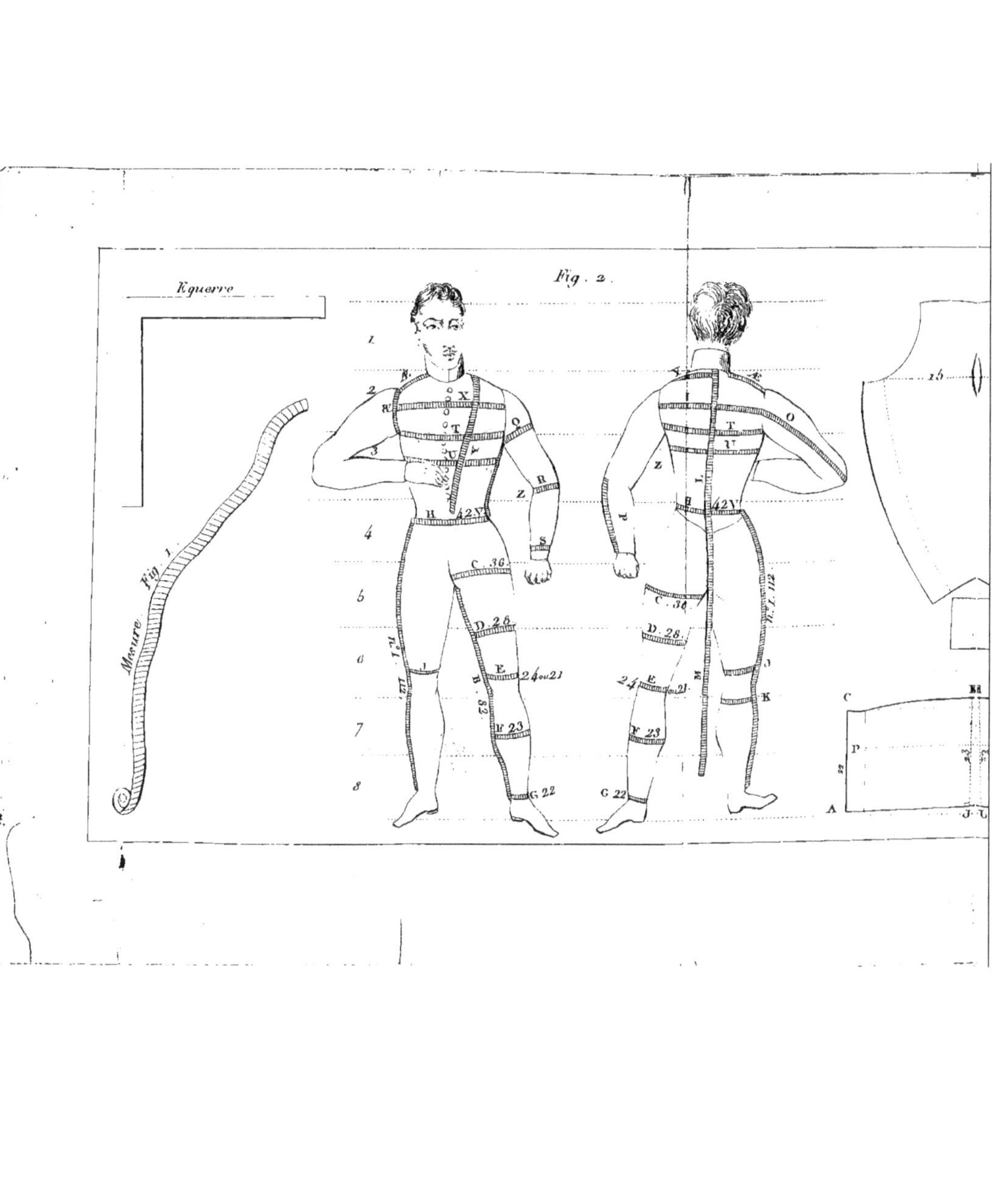

Equerre
Fig. 2
Mesure. Fig. 1

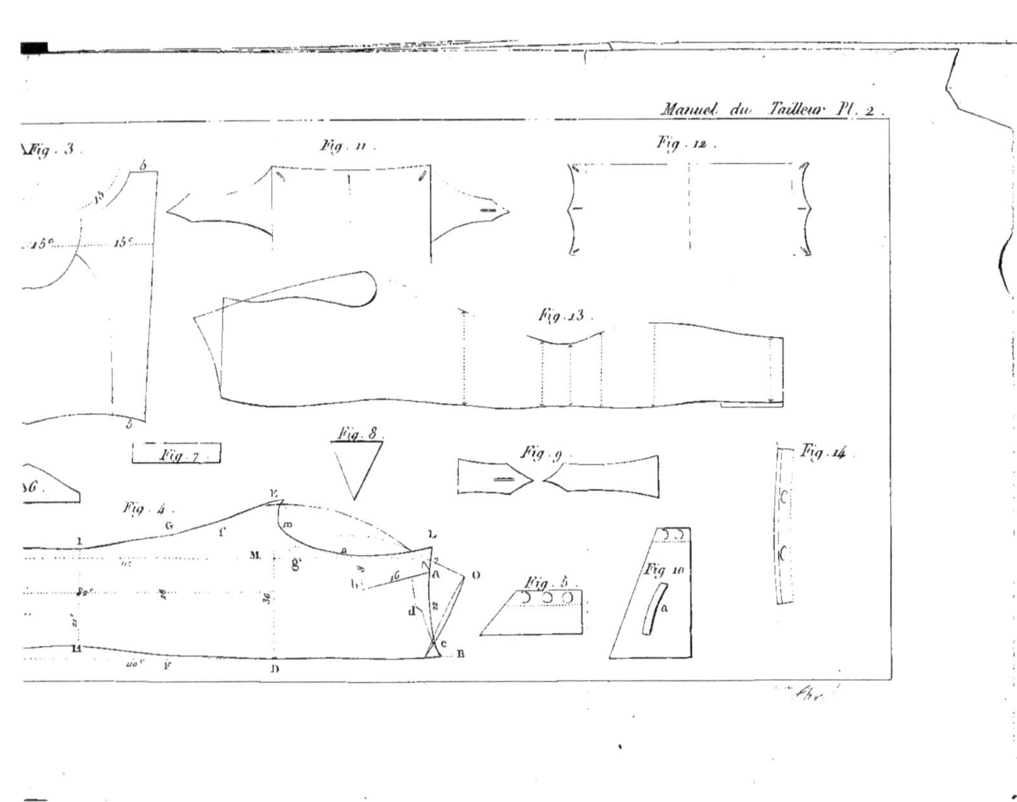
Fig. 3.
Fig. 11.
Fig. 12.
Fig. 13.
Fig. 7.
Fig. 8.
Fig. 9.
Fig. 14.
Fig. 4.
Fig. 5.
Fig. 10.
Fig. 6.
G
L
M
O
B
D
a

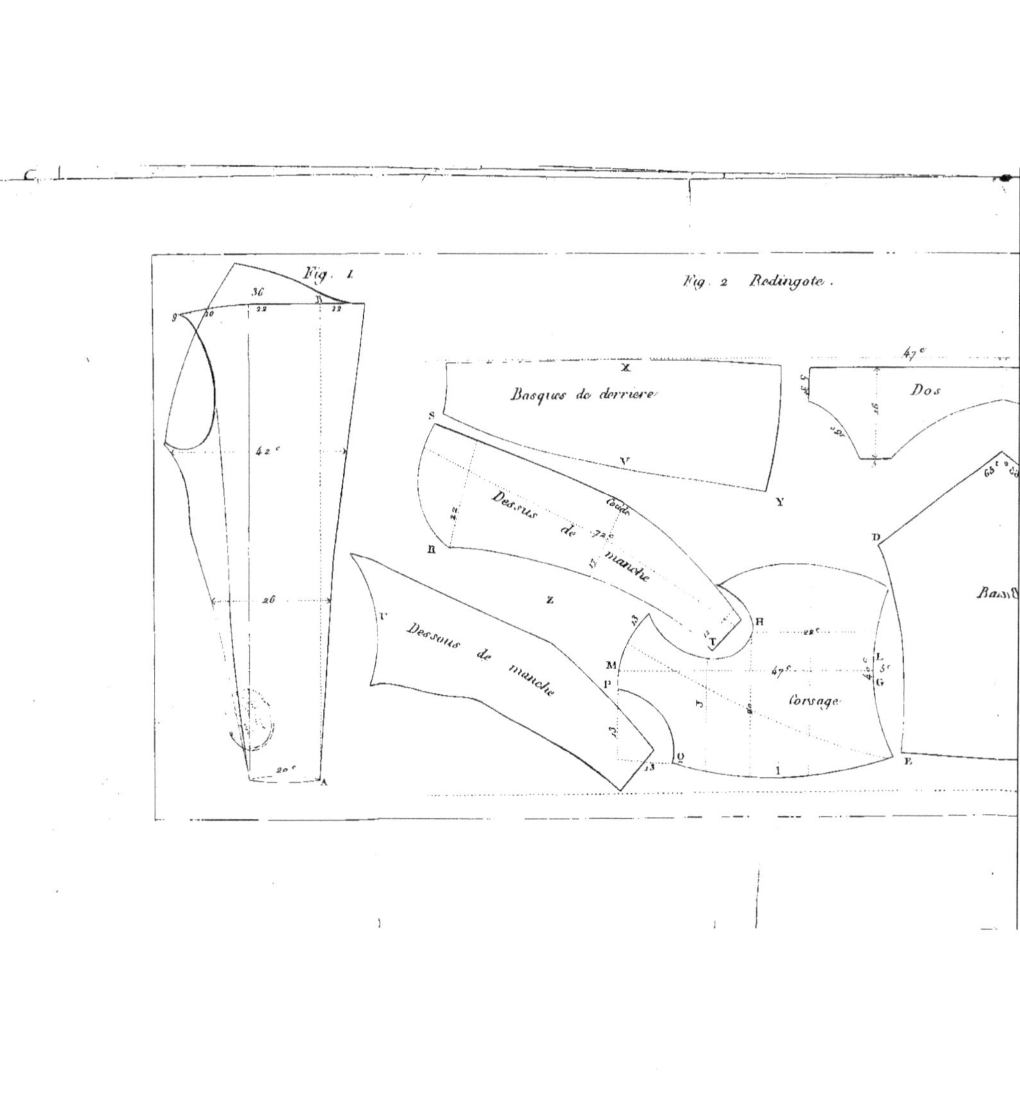

Fig. 1
36
9 20 22 22
42 c
26
20 c
A
Fig. 2 Redingote.
Basques de derriere
X
S
V
Y
Dessus de manche
coude
72 c
R
Z
U
Dessous de manche
Dos
47 c
D
Basq.
H
T
M
P
L
G
47 c
Corsage
Q
S
1
E

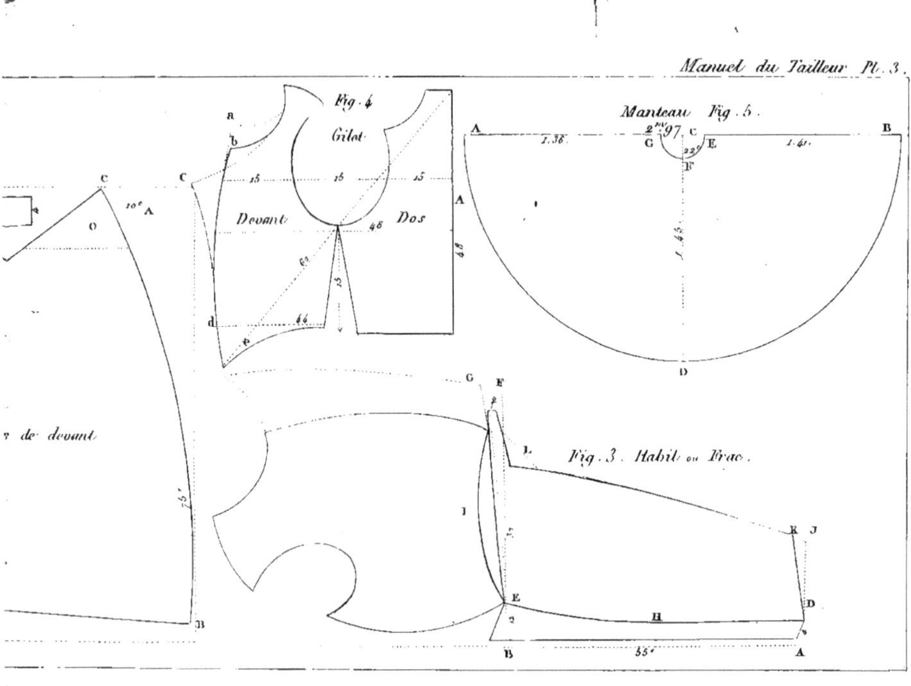
Fig. 4
Gilet
Devant
Dos
Manteau Fig. 5.
2.97
Fig. 3. Habit ou Frac.
de devant

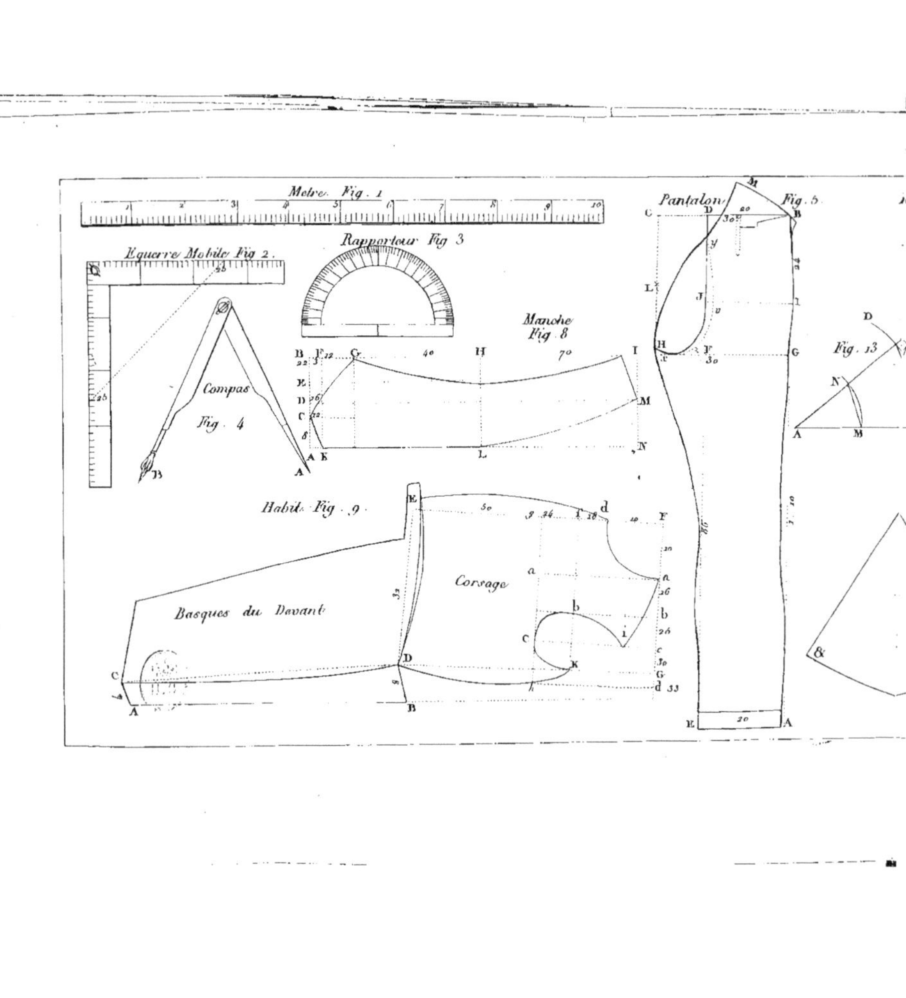

Metre. Fig. 1
Equerre Mobile Fig 2.
Rapporteur Fig 3
Compas Fig. 4
Manche Fig. 8
Pantalon Fig. 5
Fig. 13
Habit. Fig. 9
Basques du Devant
Corsage

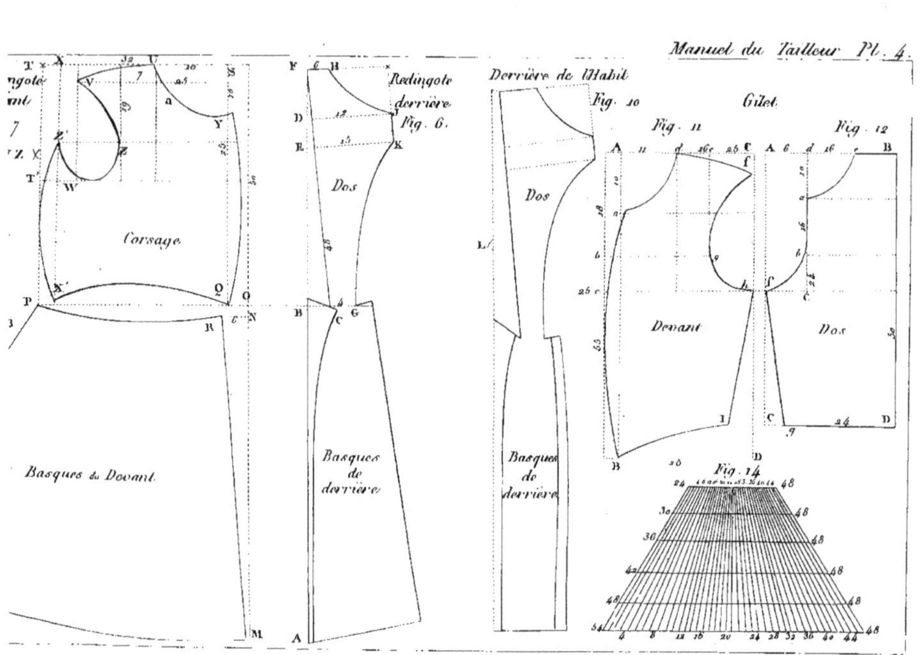
Corsage
Basques du Devant
Redingote derrière Fig. 6.
Dos
Basques de derrière
Derrière de l'Habit Fig. 10
Dos
Basques de derrière
Gilet
Fig. 11
Devant
Fig. 12
Dos
Fig. 14

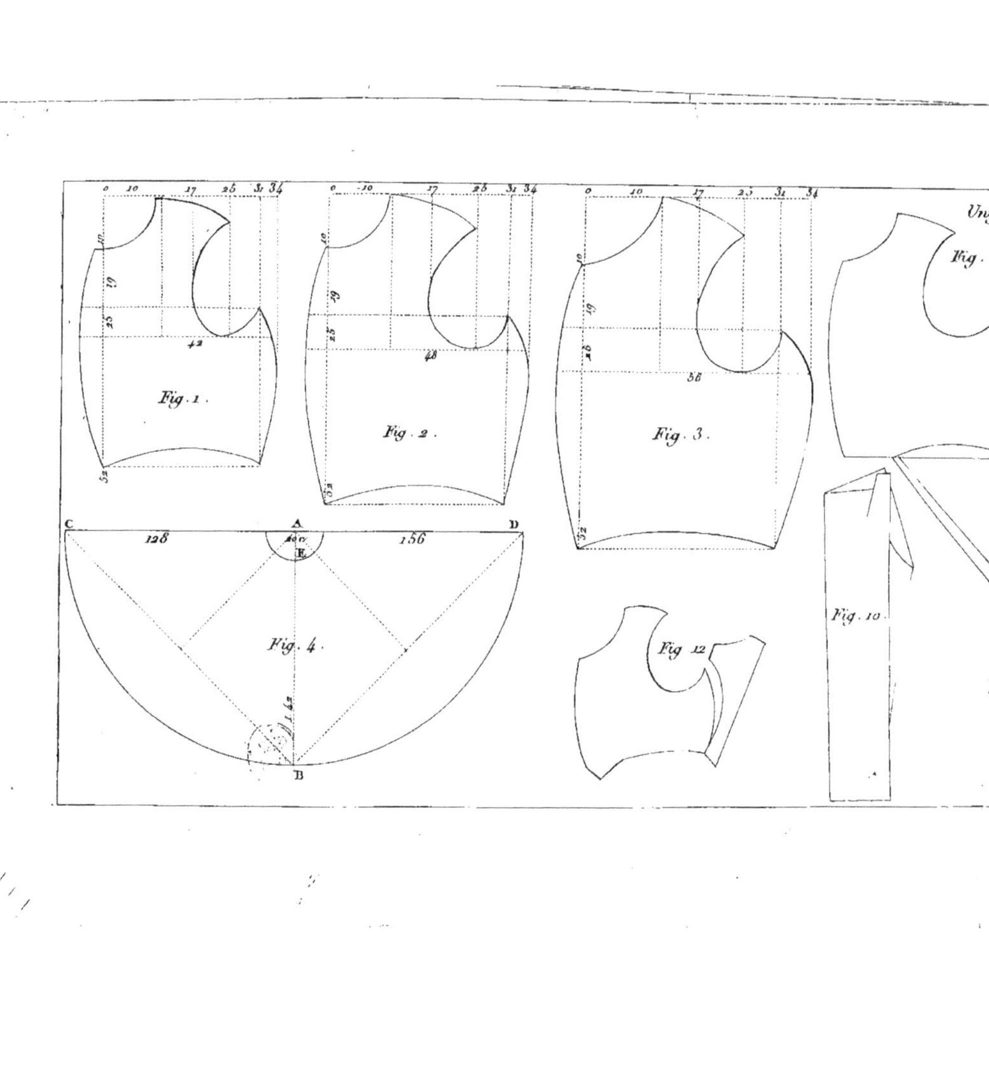

Unif
Fig. 5
Fig. 1.
Fig. 2.
Fig. 3.
Fig. 4.
Fig. 10
Fig. 12
C
A
E
B
D
128
156
42
48
56

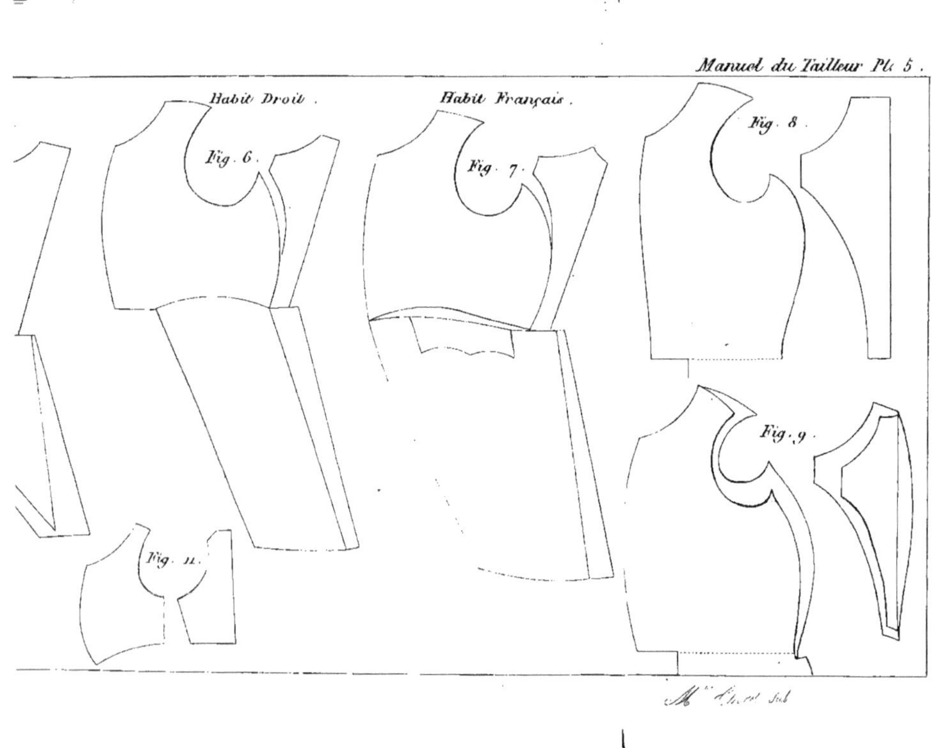

Habit Droit.
Habit Français.
Fig. 6.
Fig. 7.
Fig. 8.
Fig. 9.
Fig. 11.

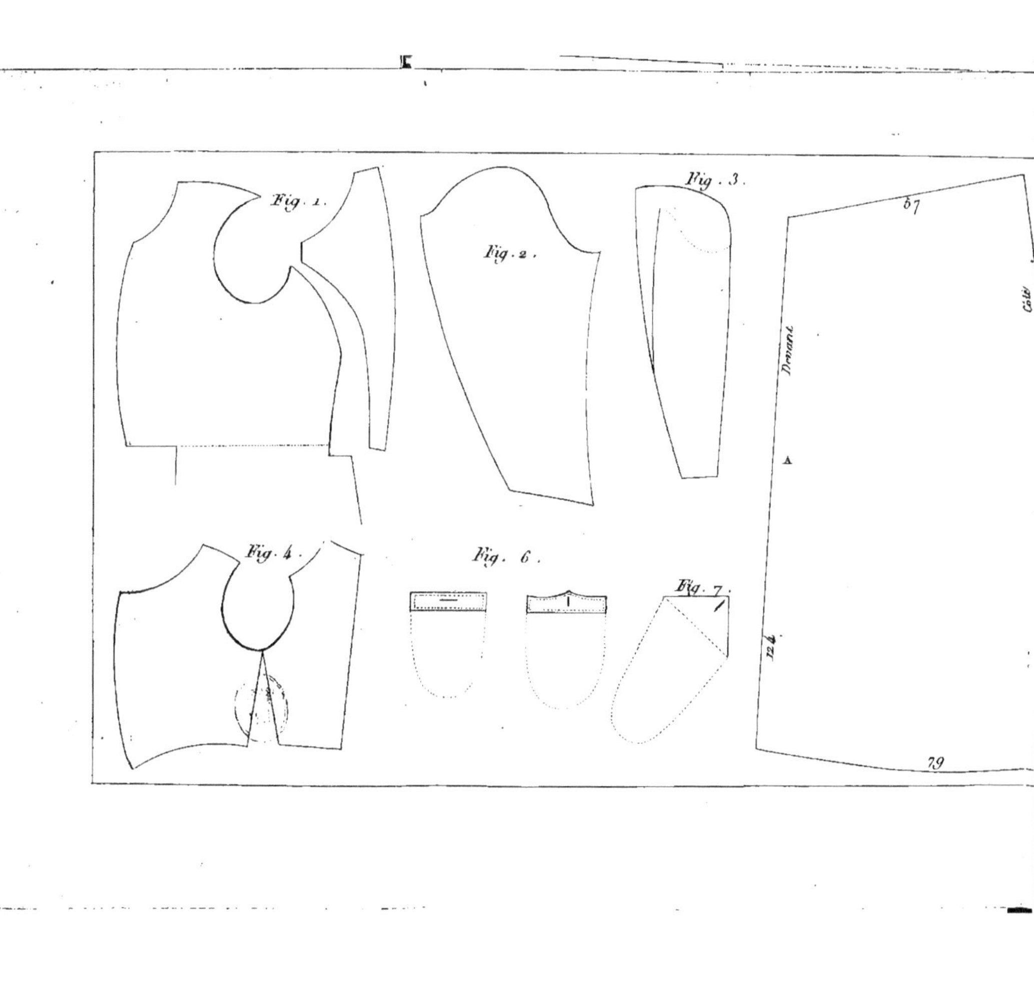

Fig. 1.
Fig. 2.
Fig. 3.
Fig. 4.
Fig. 6.
Fig. 7.
Devant
Côté
57
124
79

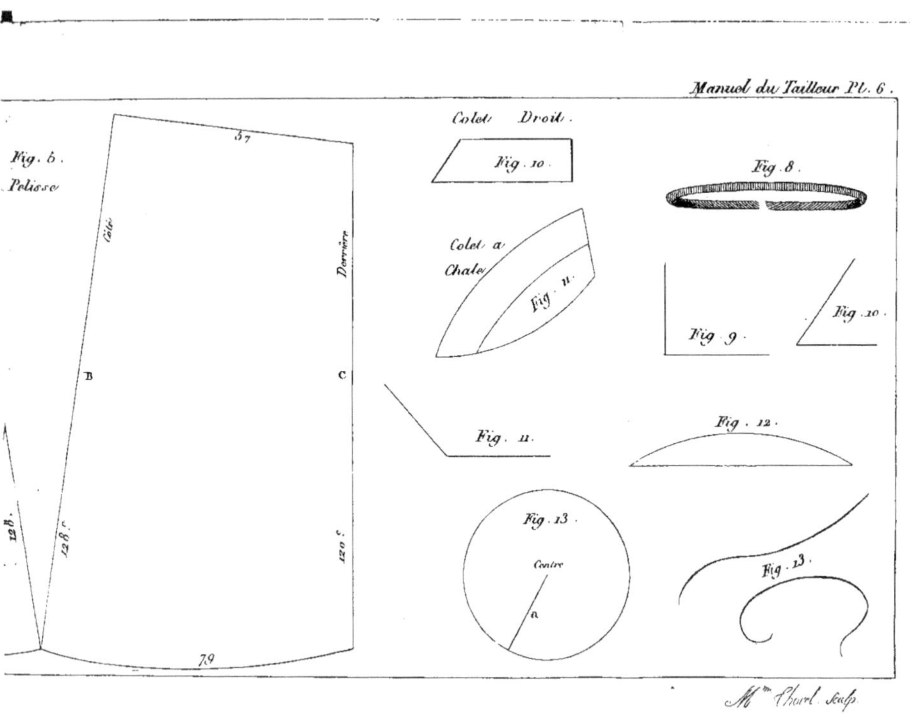

Mme Thuret sculp.